科普图书馆

"领先一步学科学"系列

低碳与新能源

主　　编　杨广军
副 主 编　朱焯炜　章振华　张兴娟
　　　　　胡　俊　黄晓春　徐永存
本 册 主 编　朱焯炜
本册副主编　卞宝安　肖　寒

上海科学普及出版社

图书在版编目（CIP）数据

低碳与新能源／杨广军主编．—上海：上海科学
普及出版社，2013.7
（领先一步学科学）
ISBN 978-7-5427-5782-1

Ⅰ.①低… Ⅱ.①杨… Ⅲ.①节能-青年读物②节能
-少年读物③新能源-青年读物④新能源-少年读物
Ⅳ.①TK01-49

中国版本图书馆CIP数据核字(2013)第106783号

组　　稿　胡名正　徐丽萍
责任编辑　徐丽萍
统　　筹　刘湘雯

"领先一步学科学"系列
低碳与新能源
主编　杨广军
副主编　朱焯炜　章振华　张兴娟
　　　　胡　俊　黄晓春　徐永存
本册主编　朱焯炜
本册副主编　卞宝安　肖　寒
上海科学普及出版社出版发行
（上海中山北路832号　邮政编码200070）
http://www.pspsh.com

各地新华书店经销　北京柯蓝博泰印务有限公司印刷
开本787×1092　1/16　印张15　字数230 000
2013年7月第1版　2013年7月第1次印刷

ISBN 978-7-5427-5782-1　　　定价：29.80元

卷首语

　　能源是人类社会赖以生存和发展的重要物质基础。历史上人类文明的每一次重大进步都伴随着能源的改进和更替。能源的开发利用极大地推进了世界经济和人类社会的发展。

　　过去100多年里，发达国家先后完成了工业化，消耗了地球上大量的能源资源。人类在享受能源带来的经济发展、科技进步等利益的同时，也遇到一系列无法避免的能源安全挑战，能源短缺、资源争夺以及过度使用能源造成的环境污染等问题威胁着人类的生存与发展。传统能源的肆意燃烧，让天空不再蓝，水不再绿，全球变暖，海平面上升，荒漠快速扩大，生物物种加速灭绝。保护地球就是保护我们的家！今天的我们该怎样做才能还给子孙后代一个安全的适宜生存的地球？

　　节约能源，开发新能源，用取之不尽、周而复始的可再生能源取代资源有限、对环境有污染的化石能源，重点开发太阳能、风能、生物质能、潮汐能、地热能、氢能和核能是我们不可推卸的历史责任。

目 录

·远古生物化能源——化石能·

社会发展的动力——能源 ………………………………………… (3)
地下黑金——煤炭 ………………………………………………… (9)
工业的血液——石油 ……………………………………………… (15)
安全洁净的能源——天然气 ……………………………………… (24)
可燃冰——天然气水化物 ………………………………………… (31)
微生物发酵产生的能源——沼气能源 …………………………… (36)
来自绿色植物的可再生能源——生物质能 ……………………… (41)
变废为宝——第二代生物燃料 …………………………………… (47)
给地球降温——生物炭 …………………………………………… (55)

·取之不尽的自然能源——太阳能·

留住太阳光和热——太阳能光热利用 …………………………… (63)
光电魔术师——硅系太阳能电池 ………………………………… (69)
人造树叶——染料敏化太阳能电池 ……………………………… (76)
技术进步现奇迹——太阳能光电应用 …………………………… (82)
太空的遐想——太空发电站计划 ………………………………… (89)
低碳出行——太阳能交通工具 …………………………………… (96)

低碳与新能源

·后石油时代的可替代能源——核能·

揭开原子能面纱——核能开发之旅 …………………………… (105)
轰开粒子物理的秘密——高能加速器 …………………………… (112)
核武器原料——威风的铀氏兄弟 ………………………………… (121)
无穷无尽的核能——核电站 ……………………………………… (128)
飞天遁海应用广——核动力 ……………………………………… (137)
引爆高能量——核聚变 …………………………………………… (145)

·节能与发展同追求——节能新科技·

节能可以很简单——节能从灯开始 ……………………………… (155)
现代住宅新标杆——零能耗房屋 ………………………………… (161)
更快、更强、更清洁——磁流体发电 …………………………… (166)
不可思议的绿色新能源——细菌发电 …………………………… (169)

·E 梦想照耀现实——21 世纪新能源·

河流湖泊显能量——水力发电 …………………………………… (175)
无形的推手——风能 ……………………………………………… (181)
地壳深处含热能——地热能 ……………………………………… (196)
潮涨潮落蕴巨能——潮汐能 ……………………………………… (201)
大海处处有能量——海洋能 ……………………………………… (207)
氢氧反应显神效——氢能 ………………………………………… (214)
月球上的宝藏——氦-3 …………………………………………… (221)
通古斯大爆炸——反物质能源 …………………………………… (228)

远古生物化能源

——化石能

常规能源又称传统能源。已经大规模生产和广泛利用的有煤炭、石油、天然气、水能等能源。常规能源的大量消耗所带来的环境污染既损害人体健康，又影响动植物的生长，破坏经济资源，损坏建筑物及文物古迹，严重时可改变大气的性质，使生态受到破坏。

目前我国能源的状况非常严峻，人均能源可采储量远低于世界平均水平。据 2000 年计算数据显示，人均石油可采储量只有 2.6 吨，人均天然气可采储量 1074 立方米，人均煤炭可采储量 90 吨，分别为世界平均值的 11.1％、4.3％和 55.4％，35 种重要矿产资源人均占有量只有世界人均占有量的 60％。因此，新能源的开发是世界新技术革命的重要内容，是未来世界持久能源系统的基础。

◆夏日炎炎

远古生物化能源——化石能

社会发展的动力
——能源

能源是指各种能量的来源。具体而言能源是指煤炭、原油、天然气、煤层气、水能、核能、风能、太阳能、地热能、生物质能等一次能源和电力、热力、成品油等二次能源，以及其他新能源和可再生能源。在生活中，能源可以用来煮饭；可以用来点灯；可以用来驱动汽车；可以用来取暖。能源为我们的日常生活、工农业生产和商业服务提供动力、电力和热力的物质资源。可以说，人类就如同离不开氧气一样，离不开能源。人类社会的发展同样也离不开能源。

◆现代社会人类对能源的需求越来越大

能量传递者——电能

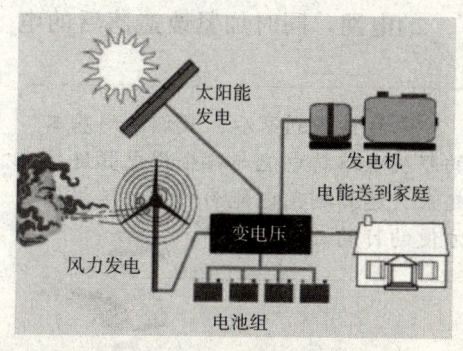

◆电能可以由其他形式能源转换得到

电能指电以各种形式做功的能力。有直流电能、交流电能、高频电能等，这几种电能均可相互转换，属于二次能源。日常生活中使用的电能主要来自其他形式能量的转换，包括水能（水力发电）、热能（火力发电）、原子能（原子能发电）、风能（风力发电）、化学能（电池）及光能（光电池、太阳能电池等）等。

低碳与新能源

◆电能通过电网输送到千家万户

◆大量的电能将转化为热能，只有极少一部分可以转化为有用的光能

电能也可转换成其他所需的能量形式。它可以有线或无线的形式作远距离的传输。电能被广泛应用在动力、照明、冶金、化学、纺织、通信、广播等各个领域，是科学技术发展、国民经济飞跃的主要动力。

形象地说，电能就像货币，是一般等价物。它可以方便地由热能、动能、光能、核能等不易于直接应用的能量形式转化而来，它也可以方便地转化为日常生产生活所需的热能、光能、动能等。相比起石油等其他能源，易于存储和携带、传输。因为以上优点，电能得到了广泛应用。

电力的输送需要大量的电缆和其他设备，同时还要投入大量的人力和物力。今天我们的生活都离不开电了，你能想象没有电的生活吗？为满足不同地区、不同类型的需要，国家建立了庞大的电网，同时加紧改造落后的电网。近年来，为促进经济发展，在国家政府的努力下，已经基本完成了"农村电网改造"工程。为解决东部沿海城市电力紧缺问题，国家作出了"西电东送"的重大决策，目前该工程已经进入实用阶段。

电灯是将电能转化为光能。

> 电能被送到家后，我们利用基本的照明电路将电能与各个用电器连接起来，达到利用电能为我们生活提供方便的目的。

远古生物化能源——化石能

其工作原理是：电流通过灯丝（钨丝，熔点达 3000℃以上）时产生热量，螺旋状的灯丝不断将热量聚集，使得灯丝的温度达 2000℃以上，灯丝在处于白炽状态时，就像烧红了的铁能发光一样而发出光来。灯丝的温度越高，发出的光就越亮。故称之为白炽灯。从能量的转换角度看，电灯发光时，大量的电能将转化为热能，只有极少一部分可以转化为有用的光能。

电冰箱也需要电能才能工作。有个人发现自己新买的电

◆家中处处需要电能

冰箱背面时冷时热，入夏后更是热得厉害，他怀疑冰箱的质量有问题。其实，这是电冰箱消耗电能后，转化成压缩机的机械能，把冰箱里的"热"搬运到冰箱的外面。这与冰箱内的食物质量、冰箱的放置位置等多种因素有关。夏天室温高，故而变热。

电磁炉是利用电磁感应加热原理来将电能转化为热能的。电磁炉工作时，电流通过陶瓷板炉面下方的低频（20~25 千赫兹）线圈产生磁场，磁场内的磁力线通过铁磁性金属器皿（如不锈钢锅、搪瓷锅等）底部时，会令器皿底部产生感应电流涡流，进而迅速转化为热量来达到加热食物的目的。

 讲解——悄然溜走的电能

几乎所有的家用电器都有等待这项功能，然而在它的背后，却是对电能或是对金钱的极大浪费。所有人都清楚，手机即使在不拨打或者不接听的情况下也在不停地消耗电能。同样的，很多电器设备即使什么工作也不做，仅仅为了等待接受启动的指令也都在消耗电能。这些电能一部分已经在变压器中以热的形式散失掉了，另一部分则用于满足可以对遥控器信号解码的最低能耗，也就是说被电器

低碳与新能源

中的微处理器消耗掉了。传感器与亮着的指示灯在这个电器暂停工作的过程中也在消耗电能。当然,电器在只通电不工作的状态下消耗的电能非常少,大概只有几瓦,但许多微小的消耗汇聚起来也是一种可观的浪费。

◆电能在不知不觉中溜走

前进动力的来源——能源

◆任何交通工具的运行都离不开能源

◆太阳能电动汽车

　　交通工具是现代人的生活中不可缺少的一个部分。随着时代的变化和科学技术的进步,我们周围的交通工具越来越多,给每一个人的生活都带来了极大的方便。陆地上的汽车,海洋里的轮船,天空中的飞机,大大缩短了人们交往的距离;火箭和宇宙飞船的发明,使人类探索另一个星球的理想成为了现实。也许不远的将来,我们可以到太空中去旅行观光,我们的孩子可以到另一个星球去观察学习。然而大家很容易忽视一个问题,它们前进的动力来自哪里?有人说是发动机。光有发动机它能前进吗?其实正是人类赖以生存的能源在起作用。没有它,这些交通工具寸步难行。

远古生物化能源——化石能

传统的汽车使用的是汽油发动机。汽油具有较高的辛烷值和优良的抗爆性，用于高压缩比的汽化器式汽油发动机上，可提高发动机的功率。但是用汽油的汽车尾气中含有150～200种不同的化合物，其中对人危害最大的有一氧化碳、碳氢化合物、氮氧化合物、铅的化合物及颗粒物。有害气体扩散到空气中会造成空气污染。

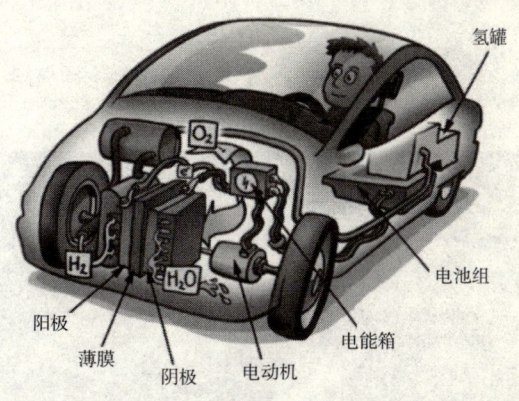

◆氢燃料电池动力汽车

 万花筒

汽车动力路在何方？

传统的汽油燃料将不可避免地退出历史舞台，寻找新的燃料和动力也很早就成为人们关心的话题。在未来10年的时间内，电池动力、混合动力和燃料电池都将因为高效率、清洁而成为汽车的动力发展方向。

混合动力汽车

指装有两个以上动力源的汽车。车载动力源包括蓄电池、燃料电池、太阳能电池、内燃机车的发电机组。当前混合动力汽车一般是指内燃机车发电机，再加上蓄电池的电动汽车。

燃料电池动力汽车

是利用氢气、天然气、甲醇等燃料与氧气或空气进行电化学反应时释放出来的化学能直接转化成电能，从而给汽车提供动力。燃料电池动力汽车的硫氧化物、氮氧化物等废气污染都接近于零，如果采用氢气作燃料，则完全不排放二氧化碳。

低碳与新能源

 广角镜——日本"水燃料"汽车

◆用水驱动的汽车样车

一家日本公司发明了用水驱动的环保汽车。这种车仅需要1升水即可以80千米时速跑1小时,而且雨水、河水或海水,任何水均可。只要你手里有瓶水加进去,它就能跑动。

据该公司介绍,此系统的主要特征是使用了一种名为膜电极组的技术,可以将水通过化学反应分解为氢气和氧气,进而以此推动汽车前进。这一化学过程类似于氢化金属和水反应产生氢。

不像甲醇燃料电池直接使用甲醇作燃料,此新系统不排放二氧化碳。此外它的寿命可能更加长久,由于传统燃料电池中一氧化碳会导致催化剂中毒而导致其催化性能被削弱,相反此新系统的燃料电极上不会产生一氧化碳,从而能延长其使用寿命。据测算,其寿命可达1年以上。

 **拓展思考**

1. 说说什么是能源?你能列举出几种常见的能源?
2. 看看你家的电表,你家平均一个人每个月用几度电?
3. 看了这节内容后你应该知道,每次关掉电视机后要拔下电源。
4. 你知道什么是新型能源吗?你能列举出一些吗?

远古生物化能源——化石能

地下黑金——煤炭

一提到煤,人们通常会想起黑乎乎、脏兮兮的石头。如果谁被蹭上了,肯定会大呼倒霉的。可是你知道吗?煤是工业的粮食,冬天取暖的能量来源,无论如何也是不可缺少的。做饭需要煤气,而煤气就是由煤提炼后得到的。塑料、合成纤维、杀虫剂、

◆黑色的煤炭

糖精、染料、药品、炸药这些生活中不可缺少的东西都是用煤焦油合成的。煤虽然看上去毫不起眼,跟一堆脏土似的,可是用途却不少。说起它的精神,让人肃然起敬。它不求回报,不张扬。一味给大家带来好处,而从不炫耀自己,它这种不好看,很有用的精神,永远值得我们学习。所以,古今中外的人们都把它誉为:"黑色的金子!"

地下宝藏——煤是如何形成的

煤被广泛用作工业生产的燃料,是从18世纪末的产业革命开始的。随着蒸汽机的发明和使用,煤被广泛地用作工业生产的燃料,给社会带来了前所未有的巨大生产力,推动了工业的向前发展。

煤是地球上储量最多的化石燃料,也是最主要的固体燃料。植物残骸堆积埋藏、演变成煤的过程非常复杂。一般认为历经植物—泥炭(腐蚀泥)—褐煤—亚烟煤—烟煤—无烟煤几个阶段,这个过程被称为煤化作

低碳与新能源

用。在地表常温、常压下，由堆积在停滞水体中的植物遗体经泥炭化作用或腐泥化作用，转变成泥炭或腐泥；泥炭或腐泥被埋藏。

由于盆地基底下降而沉至地下深部，经成岩作用而转变成褐煤；随着地层的下沉和沉积层的加厚明显升高，使成煤过程的变质作用得以进行，经变质作用转变成烟煤至无烟煤。泥炭化作用是指高等植物遗体在沼泽中堆积经生物化学变化转变成泥

◆煤是一种重要燃料

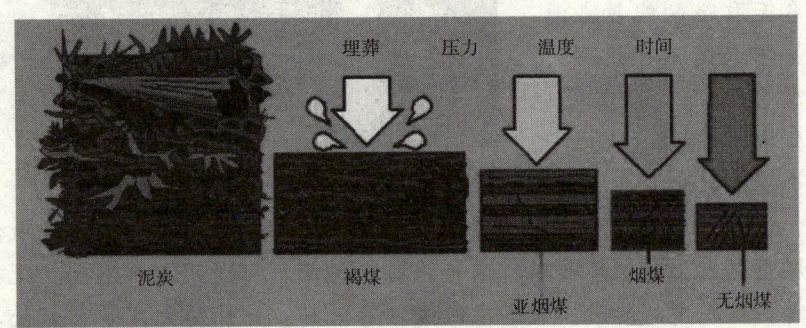

◆煤炭的形成过程

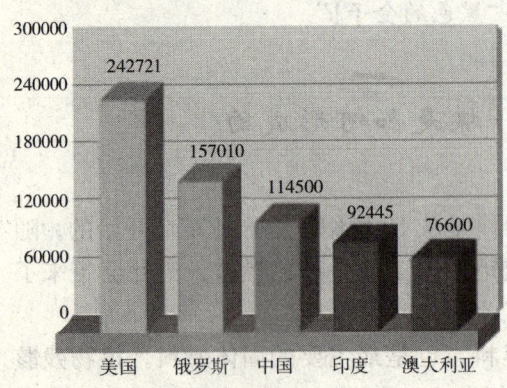

◆2007年煤炭探明储量排名

炭的过程。压力是变质作用的必要条件之一，压力与温度相关联，温度高时，压力也大。随着煤化程度依次增高，形成了泥炭、褐煤、烟煤和无烟煤四种不同形式的煤。

腐泥化作用是指低等生物遗体在沼泽中经生物化学变化转变成腐泥的过程。腐泥是一种富含水和沥青质的淤泥状物

远古生物化能源——化石能

质。冰川过程可能有助于成煤植物遗体汇集和保存。

在各大陆、大洋岛屿都有煤分布，但煤在全球的分布很不均衡，各个国家煤的储量也很不相同。中国的煤炭资源在世界居于前列，仅次于美国和俄罗斯。

> 中国、美国、俄罗斯、德国是煤炭储量丰富的国家，也是世界上主要产煤国，其中中国是世界上煤产量最高的国家。

链接——煤炭种类知多少

◆褐煤

◆无烟煤

煤有褐煤、烟煤、无烟煤、半无烟煤等几种。煤的种类不同，其成分组成与质量不同，发热量也不相同。

褐煤：多为块状，呈黑褐色，光泽暗，质地疏松，燃点低，容易着火，燃烧时上火快，火焰大，冒黑烟；含碳量与发热量较低，燃烧时间短，需经常加煤。

烟煤：一般为粒状、小块状，也有粉状的，多呈黑色而有光泽，质地细致，含挥发成分30%以上，燃点不太高，较易点燃；含碳量与发热量较高，燃烧时上火快，火焰长，有大量黑烟，燃烧时间较长；大多数烟煤有粘性，燃烧时易结渣。

无烟煤：有粉状和小块状两种，呈黑色有金属光泽而发亮。杂质少，质地紧

低碳与新能源

密，固定碳含量高，可达80％以上；挥发成分含量低，在10％以下，燃点高，不易着火；但发热量高，刚燃烧时上火慢，火上来后比较大，火力强，火焰短，冒烟少，燃烧时间长，粘结性弱，燃烧时不易结渣。应掺入适量煤土烧用，以减轻火力强度。

浑身黝黑的宝藏

◆家庭中用的煤气

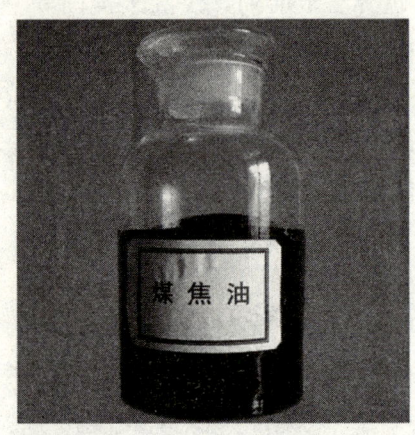
◆煤焦油

煤是重要能源，也是冶金、化学工业的重要原料。主要用于燃烧、炼焦、气化、低温干馏、加氢液化等。

煤炭是人类的重要能源资源，任何煤都可作为工业和民用燃料。

把煤置于干馏炉中，隔绝空气加热，煤中有机质随温度升高逐渐被分解，其中挥发性物质以气态或蒸气状态逸出，成为焦炉煤气和煤焦油，而非挥发性固体残余物即为焦炭。焦炉煤气是一种燃料，也是重要的化工原料。家庭中常用的煤气是煤炭气化后转变为的工业或民用燃料，煤炭气化后还可作为化工合成原料。

把煤或油页岩置于550℃左右的温度下低温干馏可制取低温焦油和低温焦炉煤气，低温焦油可用于制取高级液体燃料和作为化工原料。

将煤、催化剂和重油混合在一起，在高温高压下使煤中有机质破坏，与氢作用转化为低分子液态和气态产物，进一步加工可得汽油、柴油等液体燃料。加氢液化的原料煤以褐煤、长焰煤、气煤为主。综合、合理、有

效开发利用煤炭资源,并着重把煤转变为洁净燃料,是人们努力的方向。

利国利民的洁净煤技术

◆燃烧煤炭对大气污染严重

煤炭是世界上储量最丰富的化石能源。但是,煤炭开发和利用中带来的区域性和全球性严重污染,已为各国普遍关注。

中国是世界第一大煤炭生产与消费国,2001年煤炭在一次能源的生产和消费中分别占68%和67%。在相当长时期内中国以煤为主要能源的生产和消费结构不会发生改变。全国废气中二氧化硫、烟尘排放总量分别为1995万吨、1165万吨,导致酸雨的覆盖面积已达国土面积的30%。据粗略统计,二氧化硫等大气污染造成的经济损失总量达到GDP的2%以上。燃煤造成的二氧化硫及总悬浮颗粒物的排放量分别约占85%和70%,造成的经济损失年高达1000亿元以上。

目前意义上洁净煤技术是指高技术含量的洁净煤技术,发展的主要方向是煤炭的气化、液化、煤炭高效燃烧与发电技术等等。它是旨在减少污染和提高效率的煤炭加工、燃烧、转换和污染控制新技术的总称,

> 为了让天更蓝,水更清,发展洁净煤技术是提高中国能源效率、减少环境污染的重要途径。

是当前世界各国解决环境问题的主导技术之一,也是高新技术国际竞争的一个重要领域。

低碳与新能源

 知识窗

洁净煤技术

洁净煤技术是指从煤炭开发到利用的全过程中旨在减少污染排放与提高利用效率的加工、燃烧、转化及污染控制等新技术。传统意义上的洁净煤技术主要是指煤炭的净化技术及一些加工转换技术。

 讲解——恐怖的瓦斯爆炸

瓦斯突出是指随着煤矿开采深度的增加、瓦斯含量的增加，软弱煤层突破抵抗线，瞬间释放大量瓦斯和煤而造成的一种地质灾害。煤矿开采深度越深，瓦斯瞬间释放的能量也会越大。瓦斯突出和瓦斯爆炸是两个概念，但灾害都来自于瓦斯。瓦斯突出是一种地质灾害，在大量的有害气体瞬间涌入后，会形成窒息，但不一定会发生爆炸事故。但如果出现以下三种情况后，会引发爆炸事故。一是空气中氧气含量达到12％以上，二是瓦斯浓度达到5％～16％之间，三是遇到明火，点火温度达到650℃以上。

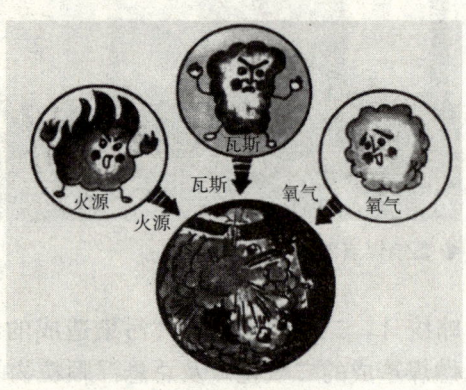

◆瓦斯爆炸三要素：氧气、火源和浓度。监控瓦斯不放松，加强通风是正确

 **拓展思考**

1. 你家用过煤炉吗？你见过煤炭吗？
2. 煤是如何形成的？
3. 煤炭主要分为哪几种？
4. 煤炭除了燃烧之外还有哪些用途？它有哪些其他的衍生产品？

远古生物化能源——化石能

工业的血液——石油

◆石油就如同地球的血液

石油的发现及利用是人类文明光辉历程中最璀璨的明珠，石油的利用对人类社会的文明进程产生了深刻的影响和巨大的促进作用。石油——作为现代文明的血液和命脉，它是整个现代化生活的庞大机器得以运行的力量源泉。我们的衣食住行都离不开石油。我们身上穿的衣服，做饭、取暖用的天然气和液化气，乘坐的汽车、火车、轮船和飞机的燃料都与石油有着密切的关系。公路和高速公路上平坦的沥青路面也是由石油加工后的残渣铺成的。石油化工产品几乎能用于所有的工业部门中，是促进国民经济和工业现代化的重要物质基础，现代化的工业离不开石油，就像人体离不开血液一样。因此，石油被称为"工业的血液"。

石油是如何炼成的？

普遍认为石油是过去地质时期里，由生物遗体经过化学和生物化学变化而形成的。形成石油要具备三个条件：一是要有大量的生物遗体；二是要有储集石油的地层和保护石油不跑掉的盖层；三是还要有有利于石油富集的地质构造。

研究表明，石油的生成至少需要 200 万年的时间，在现今已发现的油

低碳与新能源

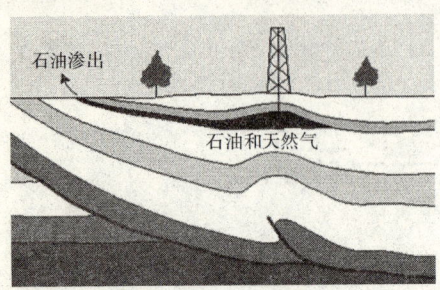

◆这是一个地壳垂直切片图

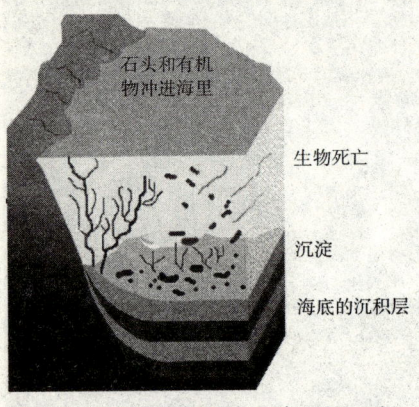

◆有机物的沉积是形成石油的第一步

藏中，时间最老的可达到5亿年之久。在地球不断演化的漫长历史过程中，有一些"特殊"时期，如古生代和中生代，大量的植物和动物死亡后，构成其身体的有机物质不断分解，与泥沙或碳酸质沉淀物等物质混合组成沉积层。由于沉积物不断地堆积加厚，导致温度和压力上升，随着这种过程的不断进行，沉积层变为沉积岩，进而形成沉积盆地，这就为石油的生成提供了基本的地质环境。

要生成石油还有一个必须具备的地质条件，就是缺氧的"还原环境"。这就是要求接受沉积物后的洼地水体能保持封闭或半封闭，或富含有机质的沉积物能迅速被后来的沉积物所覆盖，使之与氧隔绝，防止有机质的氧化和逸散。

现代的生油理论还认为，石油的形成要在一定的物理化学条件下才能实现，这个条件主要是地下温度。因为地下温度从浅到深是逐渐升高的，早先的沉积物不断被后来的沉积物所覆盖，埋藏也就越来越深，有机质只有在达到一定的埋藏深度时才能转化成石油。除了温度的因素以外，还与埋藏的时间长短有关，温度和时间两个因素可以互补。也就是说如果温度低一些但埋藏时间较长，或者温度高一些但埋藏时间较短，两种情况对于转化成油的影响效果都是一样的。

> 石油聚集方式就同水被海绵吸收一样。有了储集岩和圈闭构造，石油才能在地下定居，等待发掘者的到来。

远古生物化能源——化石能

 原理介绍

苛刻的生成环境

生成石油的地质条件是综合性的，它既需要在沉积过程中保持"补偿沉积速度"的条件，又需要使得沉积物能具有缺氧的"还原环境"，还需要有相应的地层温度（即要有一定的地层埋藏深度）的作用等多方面因素的配合，才能有效地生成石油。

 小知识——世界石油分布不均

原油的分布从总体上来看极端不平衡：从东西半球来看，约3/4的石油资源集中于东半球，西半球占1/4；从南北半球看，石油资源主要集中于北半球；从纬度分布看，主要集中在北纬20°～40°和50°～70°两个纬度带内。波斯湾及墨西哥湾两大油区和北非油田均处于北纬20°～40°内，该带集中了51.3%的世界石油储量；50°～70°纬度带内有著名的北海油田、俄罗斯伏尔加及西伯

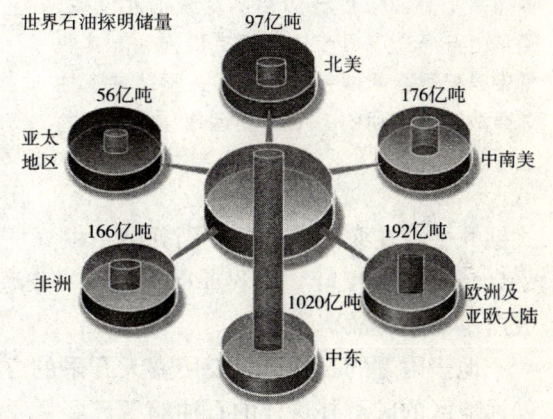

◆世界石油分布不均匀

利亚油田和阿拉斯加湾油区。在世界原油储量排名的前十位中，中东国家占了五位，依次是沙特阿拉伯、伊朗、伊拉克、科威特和阿联酋。其他国家如俄罗斯、美国、挪威、中国、墨西哥和委内瑞拉等国也是石油的重要生产国。2003年全球日产7900万吨原油，32%集中在中东。目前，沙特阿拉伯已探明的原油储量为355.9亿吨，居世界首位。伊朗已探明的原油储量为186.7亿吨，居世界第三位。

 *低碳与新能源*

艰难的开采历程

◆磕头机是油田广泛应用的传统抽油设备，通常由普通交流异步电动机直接拖动。其曲柄带以配重平衡块带动抽油杆，驱动井下抽油泵做固定周期的上下往复运动，把井下的油送到地面

开采石油的第一关是勘探油田。今天的石油地质学家使用重力仪、磁力仪等仪器来寻找新的石油储藏。海上石油（气）勘探不仅耗资巨大，而且存在一定的危险，几乎年年都发生事故。其原因一是风暴、海浪、冰凌及地震（海啸）等自然因素产生的破坏，或井喷；二是操作不慎、管理不善或设计建造不周等所致。如：1969年春，中国"渤海2号"钢质桩基固定平台被特大冰凌推倒；1980年3月，挪威"亚历山大·基尔兰号"五立柱半潜式钻井平台在北海工作时，因其中一根立柱的连接构件疲劳断裂导致整个平台倾覆；1977年，埃科菲斯克油田一条海底输油管线突然失去控制，造成严重漏油事故。

地表附近的石油可以使用露天开采的方式开采。不过今天除少数非常偏远地区的矿藏外这样的石油储藏已经几乎全部耗尽了。今天在加拿大艾伯塔的阿萨巴斯卡油砂还有这样的露天石油矿。在石油开采初期少数地方也曾有过打矿井进行地下开采的矿场。埋藏比较深的油田需要使用钻井才能开采。海底下的油矿需要使用石油平台来钻和开采。

要开采水下的油田要使用浮动的石油平台。在这里定向钻井的技术使用得最多，使用这个技术可以扩大平台的开采面积。

地壳深处的石油受到上面地层以及可能伴随出现的天然气的压挤，它又比周围的水和

远古生物化能源——化石能

岩石轻，因此在钻头触及含油层时它往往会被压力挤压喷射出来。为了防止这个喷射，现代的钻机在钻柱的上端都有一个特殊的装置来防止喷井。一般来说刚刚开采的油田的油压足够高，可以自己喷射到地面。随着石油被开采，其油压不断降低，后来就需要使用一个从地面通过钻柱驱动的泵来抽油。

 知识窗

重力探测

海上石油物理勘探最常用的办法是采用重力勘探。所谓重力勘探就是使用重力仪测定海底岩石的重力值，以求得岩石的密度、地质年代和深度。通过对海区重力场的观测来了解沉积岩的厚度和基岩起伏情况，划分所测地区的构造单元，研究隆起的性质，从而来确定油气区。

 链接：海洋中的钢架平台

随着人类对油气资源开发利用的深化，油气勘探开发从陆地转入海洋。因此，钻井工程作业也必须在浩瀚的海洋中进行。在海上进行油气钻井施工时，几百吨重的钻机要有足够的支撑和放置的空间，同时还要有钻井人员生活居住的地方，海上石油钻井平台就担负起了这一重任。由于海上气候的多变、海上风浪和海底暗流的破坏，海上钻井装置的稳定性和安全性更显重要。科学家形容钻井是石油工业的"龙头"，石油和钻井的关系密不

◆沙特阿拉伯海上钻井平台

可分。不但勘探石油要钻井，开采石油也要钻井。埋藏在地层深处的石油，正是顺着钻凿出的井眼源源不断地"流"到地面上的。全世界每年从千千万万个井眼中"流"出的石油就有几十亿吨。

低碳与新能源

介绍——中国脱掉"贫油国"的帽子

◆在大庆油田会战中,为制止井喷,王进喜跳进泥浆池,用身体搅拌泥浆。"铁人王进喜"由此诞生

在历史上,中国被列入"贫油国"名单。新中国成立后,中国不仅找到油,实现自给自足,而且对外出口。改革开放后,中国经济飞速发展,对石油的需求量越来越大。1993年,中国由石油出口国变为石油进口国。中国进口石油量并不大,每年仅几百万吨。1995年,中国对外石油依存度只有7.6%。但后来中国石油消费增速很快,而供应增长缓慢。1993~2003年间,世界石油消费年均水平增长只有1.37%,而中国石油消费平均增速达5.11%。同期中国石油供应速度均低于1%,增长乏力,只有依靠进口。1999年,中国进口石油为1334.93万吨,到2000年,增加到3364.2万吨。

浑身是宝——用途广泛的石油

石油是一种液态的,以碳氢化合物为主要成分的矿产品。原油是从地下采出的石油,或称天然石油。人造石油是从煤或油页岩中提炼出的液态碳氢化合物。组成原油的主要元素是碳、氢、硫、氮、氧。原油是具有不同结构的碳氢化合物的混和物为主要成份的一种褐色、暗绿色或黑色液体。

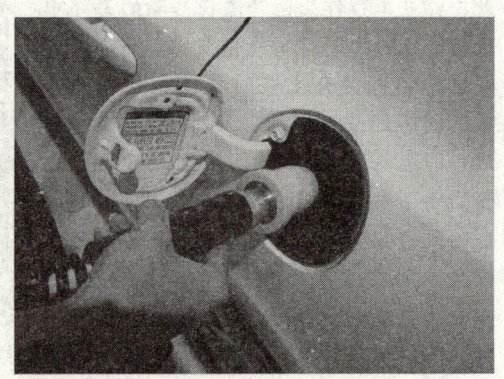

◆用于汽车的汽油

我们平时的日常生活中到处都可以见到石油或其附属品的身影,不知

远古生物化能源——化石能

你注意了吗？比如汽油、柴油、煤油、润滑油、沥青、塑料、纤维等还有很多！这些都是从石油中提炼出来的；而我们日常所用的天然气是从专门的气田中产出的！通过输气管道和气站再输送到各家各户。

石油燃料是用量最大的油品。按其用途和使用范围可以分为如下五种：点燃式发动机燃料、喷气式发动机燃料、压燃式发动机燃料、液化石油气燃料、锅炉燃料。

润滑油和润滑脂也是石油提炼的产物。主要以来自原油蒸馏装置的润滑油为原料，通过溶剂脱沥青、溶剂脱蜡、溶剂精制、加氢精制或酸碱精制、白土精制等工艺，除去或降低形成游离碳的物质、低黏度指数的物质、氧化安定性差的物质、石蜡以及影响成品油颜色的化学物质等组分，得到合格的润滑油基础油，润滑油和润滑脂被用来减少机件之间的摩擦，保护机件以延长它们的使用寿命并节省动力。它们的数量只占全部石油产品的5%左右，但其品种繁多。

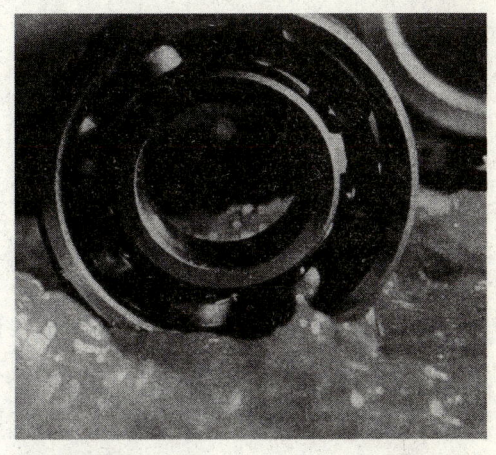
◆润滑脂来自石油

◆用于铺路的沥青也来自石油

◆石油分馏塔

石油沥青是原油蒸馏后的残渣。根据提炼程度的不同，在常温下成液体、半固体或固体。石油沥青色黑而有光泽，具有较高的感温性。由于它在生产过程中曾经蒸馏至400℃以上，因而所含挥发成分甚少，但仍可能

低碳与新能源

有高分子的碳氢化合物未经挥发出来，这些物质或多或少对人体健康是有害的。它们是从生产燃料和润滑油时进一步加工得来的，其产量约为所加工原油的百分之几。

裂解气分离可制取乙烯、丙烯甲苯、二甲苯等芳烃，芳烃亦可来自石油轻馏分的催化重整。

石油化工产品也是重要的石油提炼产物。它是有机合成工业的重要基本原料和中间体。石油化工原料主要为来自石油炼制过程产生的各种石油馏分和炼厂气，以及油田气、天然气等。石油轻馏分和天然气经蒸汽转化、重油经过部分氧化可制取合成气，进而生产合成氨、合成甲醇等。

 你需要哪种汽油？

90号、93号、97号是三种标号的无铅汽油（现在的汽油早已告别了有铅的时代），此外还有95号，100号等。不同的标号指的是此标号汽油辛烷值的大小，如：93号汽油，指汽油的辛烷值是93，而辛烷值又表示此标号汽油的抗爆性，汽油的标号越高，也就是辛烷值含量越高，越不容易发生爆燃，也就是说燃烧时发动机的抗爆性越好。应根据发动机的压缩比选用汽油，压缩比高的车辆应该选用高标号汽油，从而保证在发动机不发生爆燃的情况下动力输出最佳、成本最低。

压缩比是指发动机气缸的总容积与燃烧室容积之比。通常，压缩比在7.5～

◆您的爱车要加哪种型号的汽油？

远古生物化能源——化石能

8.0应选用90号车用汽油;压缩比在8.0~8.5应选用90号~93号车用汽油;压缩比在8.5~9.5应选用93号~95号车用汽油;压缩比在9.5~10应选用95号~97号车用汽油。一般可以在汽车说明书中查到压缩比,除说明书以外,有的车辆生产厂也会在油箱盖内侧标注推荐使用的燃油标号。车主应严格按发动机不同的压缩比,选用相应标号的车用汽油,才能使发动机发挥出最佳的效能。

 拓展思考

1. 石油是怎样形成的?它的形成需要多少时间?
2. 你能说说石油主要分布在哪里吗?
3. 石油是怎样开采出来的?最常见的是什么机器?
4. 说说石油的用途,它主要用在什么方面?

低碳与新能源

安全洁净的能源——天然气

在公元前 6000 年到公元前 2000 年间，伊朗首先发现了从地表渗出的天然气。许多早期的作家都曾描述过中东有原油从地表渗出的现象，特别是在今日阿塞拜疆的巴库地区。渗出的天然气刚开始可能用作照明，崇拜火的古代波斯人因而有了"永不熄灭的火炬"。中国利用天然气约在公元前900年。中国在公元前211年钻了第一个天然气气井。在重庆的西部，人们通过用竹竿不断地撞击来找到天然气，这样的天然气被用作燃料来干燥岩盐。后来，随着科技的发展和开采天然气规模的扩大，天然气的钻井深度达到1000米，至1900年已有约1100口钻井。

◆清洁的天然气

天然气从何而来？

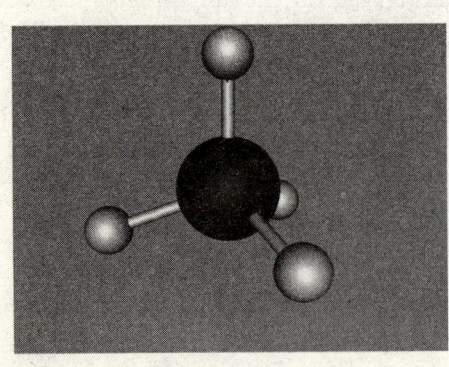

◆甲烷分子结构

天然气是一种主要由甲烷组成的气态化石燃料。天然气无色、无味、无毒且无腐蚀性，它主要存在于油田和天然气田，也有少量出于煤层。当非化石的有机物质经过厌氧腐烂时，会产生富含甲烷的气体，这种气体就被称作生物气体。生物气的来源地包括森林和草地间的沼泽、垃圾填埋场、下水道中的淤泥、

远古生物化能源——化石能

粪肥，由细菌的厌氧分解而产生。生物气还包括胃肠涨气（例如：屁），胃肠气最通常来自于牛羊等家畜。

由于甲烷的分子结构是由一个碳原子和四个氢原子组成，所以，天然气的燃烧产物主要是二氧化碳和水。

与其他化石燃料相比，天然气燃烧时仅排放少量的二氧化碳、粉尘和极微量的一氧化碳、碳氢化合物、氮氧化物，可以这样说，天然气是一种清洁的能源。当甲烷散逸到大气层中时，它将是一种直接促使全球变暖愈演愈烈的温室气体。这种飘散的甲烷，就会被视作一种污染物，而不是一种有用的能源。然而，在大气中的甲烷一旦与臭氧发生氧化反应，就会变成二氧化碳和水，因此排放甲烷所导致的温室效应相对短暂。而且就燃烧而言，天然气要比煤这类石炭纪燃料产生的二氧化碳要少得多。甲烷的重要生物形式来源是白蚁、反刍动物（如牛羊）和人类对土地的耕种。据估计，这三者的散发量分别是每年15、75和100百万吨（年散发总量约为1亿吨）。

广角镜——乌兹别克斯坦的地狱之门

◆乌兹别克斯坦的地狱之门

1971年，地质工作者在中亚乌兹别克斯坦达瓦札发现一处巨大的天然气地

25

 低碳与新能源

下贮存库，于是就做了挖掘工作。这个大洞就是开采该地下天然气时其钻探塌陷后所留下的巨大的坑洞。为防止有毒气体泄露，钻探队员点燃了此处，并且一直昼夜燃烧至今，没有停息。于是，这个天然气坑有"地狱之门"之称。

漂洋过海的运输

◆天然气管道

在整个19世纪，由于没有找到合适的方法长距离输送大量天然气，天然气只应用于局部地区。到了1890年，燃气输送技术发生了重大的突破，发明了防漏管线连接技术。可是，材料和施工技术依然较复杂，以至于在离天然气发源地160千米（100英里）的地方，天然气仍无法得以利用。

随着管线技术的进一步发展，到了20世纪20年代，长距离天然气输送成为可能。1927年至1931年，美国建设了十几条大型燃气输送系统。每一个系统都配备了直径约为51厘米（20英寸）的管道，并且距离超过320千米。在二战之后，美国又建造了许多输送距离更远、更长的管线。管道直径甚至达到142厘米。

天然气管道的方案是非常经济的，但在需要穿越大洋的情况下并不可行。另外，北美地区的许多现有天然气管线已经接近运输能力上限的事实，促使了一些气候寒冷地方的政治人物公开谈及潜在的天然气短缺问题。

槽车只能短途运输液化天然气或压缩天然气，而液化天然气油轮则可以横渡大洋来运输液化天然气。远洋轮船会将天然气直接运输到最终用户那里，或运到像管道这类能将天然气进一步输送的配送点

◆燃烧废气太浪费了

远古生物化能源——化石能

那里。但是这种方式会因需要额外的设施在生产地点进行气体的液化或压缩而花费更多的资金,这种额外设施称为槽车,并且还相应需要在最终用户或输入管道的设施那里进行气化或减压的处理。

◆具有贮藏罐的液化天然气运输船

过去,在开采石油的过程中被一同采出的天然气因为销售起来没有利润,就被白白地在油田里烧掉。如今,为了避免给地球大气增加温室气体污染,这种浪费的做法在许多国家是被法律禁止的。而且许多公司现在还认识到,将来通过液化天然气、压缩天然气或其他到最终用户的运输方式,能够从这种天然气中获取商业价值。因此,这些气体被重新注入地层以待以后开采,这被称为地下天然气储存。

> 一项在沙特阿拉伯发明的技术,把那些天然气用于海水淡化所需的发电、加热之中,从而使石油开采不再进行废气燃烧。

低碳与新能源

 万花筒

天然气的"存储罐"

　　天然气经常以压缩天然气的形态储存在盐穹、天然气井中采空后遗留的地下洞穴，或者以液化天然气的形态储存于气罐中。在市场需求低迷的时候，天然气就会注入这些地方储存起来，待到需求旺盛的时候提取。存贮点设在最终用户附近最有助于满足不断波动的需求，但实际操作中也可能有各种阻碍的因素。

 小知识——特殊的开采方式

◆大庆油田的天然气年开采量为17亿立方米

　　天然气也同原油一样埋藏在地下封闭的地质构造之中，有些和原油储藏在同一层位，有些单独存在。对于和原油储藏在同一层位的天然气，会伴随原油一起开采出来。对于只有单相气存在的，我们称之为气藏，其开采方法既与原油的开采方法十分相似，又有其特殊的地方。

　　由于天然气密度小，为0.75～0.8千克/立方米，井筒气柱对井底的压力小；天然气黏度小，在地层和管道中的流动阻力也小；又由于膨胀系数大，其弹性能量也大。因此天然气开采时一般采用自喷方式。这和自喷采油方式基本一样。不过因为气井压力一般较高，加上天然气属于易燃易爆气体，对采气井口装置的承压能力和密封性能比对采油井口装置的要求要高得多。

 实验——天然气的氧化实验

　　天然气的主要成分是甲烷，所以，我们可以通过对甲烷性质的研究判断天然远古生物化能源——化石能

气相关的化学性质。并根据自己在日常生活中的经验，知道天然气与甲烷的区别。

【燃烧】 点燃甲烷，在火焰的上方罩一个干燥的烧杯，很快就可以看到有水蒸气在烧杯壁上凝结。倒转烧杯，加入少量澄清石灰水，振荡，石灰水变浑浊。说明甲烷燃烧生成的主要产物是水和二氧化碳。

【不助燃的性质】 把甲烷气体收集在高玻璃筒内，直立在桌上，移去玻璃片，迅速把放有燃烧着的蜡烛的燃烧匙伸入筒内，烛火立即熄灭，但瓶口有甲烷在燃烧，发出淡蓝色的火焰。这说明甲烷可以在空气里安静地燃烧，但不助燃。

警钟长鸣——安全第一

一种浓缩的像烂鸡蛋似的"气味"（如硫醇，目前主要是四氢噻吩）被故意加进原本无色无臭的液化天然气中，使泄露可以被人嗅到，防止可能出现的爆炸。在煤矿业，因为存在瓦斯燃气的危险而需要使用瓦斯探头和对燃气安全的设备如安全矿灯。在天然气中加入气味是在1937年新伦敦的学校爆炸，由于在学校建筑物中外泄的瓦斯没被注意到，随后被引爆造成3百多师生死亡。

现在天然气爆炸已很少发生。个人住宅、小型企业和轮船最易受到内部的天然气外泄影响。通常，爆炸会造成很大的损毁，但建筑物不会倒下。在这个情况下，在里面的民众只会有轻度到中度的受伤。偶尔，瓦斯会聚成比较高浓度而造成致死的爆炸，在过程中夷平一个或多个建筑物。通常瓦斯在室外很容易消散，但在特定的天气条件下也有可能会聚集到危险的浓度。而且，考虑到上千

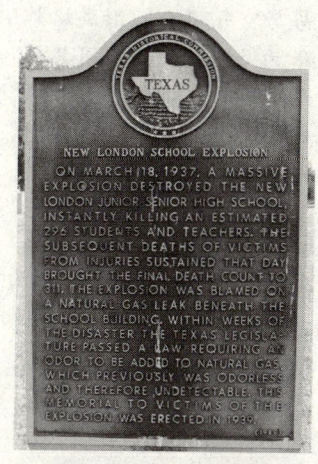

◆为了纪念在新伦敦的学校爆炸事件中死亡的师生而立的纪念碑

> 抽取天然气导致地层压力下降，而这种压降又会导致地表下沉。地表下沉则可能影响生态系统、地表水流、建筑地基等。

低碳与新能源

万的使用燃油的建筑物，使用天然气的危险度相对低得多。与众所周知的不同，天然气中加入的气味是无毒的，但有些天然气会产生一些酸性气体，包含了硫化氢，而这些气体是有毒性的。

 广角镜——使用天然气会中毒吗？

◆小心天然气泄漏

天然气的主要成分是甲烷，它本身是一种无毒可燃的气体。只要有少量的天然气泄漏，人们就会闻到刺鼻的臭鸡蛋气味。天然气很容易与空气混合，形成爆炸混合物，爆炸极限为5％～15％。同其他所有燃料一样，天然气的燃烧需要大量氧气。如果居民用户在使用灶具或热水器时不注意通风，室内的氧气会大量减少，造成天然气的不完全燃烧。不完全燃烧的后果就是产生有毒的一氧化碳，最终可能导致使用者中毒。所以，在使用天然气时，一定要注意室内的空气流通，并定期检查灶具或热水器的使用情况。

 拓展思考

1. 天然气是怎样产生的？
2. 天然气通过什么来运输？通过汽车运输，还是通过管道系统运输？
3. 天然气的开采和石油开采是一回事吗？
4. 你家使用天然气吗？通过课外阅读，说说如何保证使用安全。

远古生物化能源——化石能

可燃冰——天然气水化物

夏天，冰是消暑降温的佳品；冬天，冰则使人感到彻骨的寒冷。我们平时看到的冰，无一例外都是在吸收热量，没有人会相信冰块会燃烧。冰块遇到火，只能融化为水，而绝不会燃烧。那么，世界上有没有能释放热量，能够为人们供暖的冰呢？答案是肯定的。一块看上去很平常的白色冰块，"噗"的一声燃起了蓝色的火焰——这是发生在日本爱知世界博览会上的一幕，让

◆燃烧的冰——可燃冰

在场的观众惊奇不已。这种能燃烧的冰块就是被称为"可燃冰"的天然气水合物，外貌与常见的冰雪极为相似，用一根火柴就可以点燃，像蜡烛一样燃烧。

可燃冰为何能燃烧？

可燃冰就是能够燃烧、能够供暖的一种特殊的"冰"。可燃冰是一种很特殊的物质，是由天然气与水在高压低温条件下结晶形成的固态化合物。纯净的天然气水合物呈白色，形似冰雪，能像固体酒精一样直接点

低碳与新能源

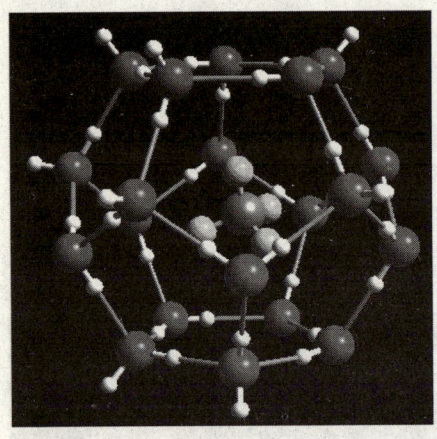

◆ 固态笼状化合物——可燃冰

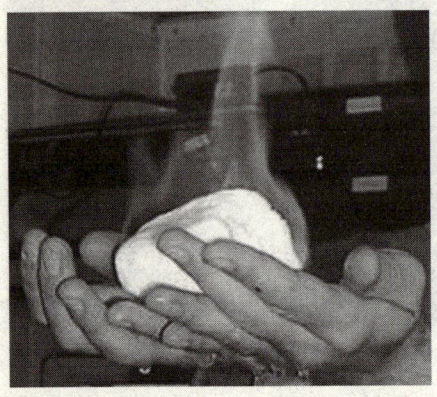

◆ 可燃冰在燃烧

燃,被形象地称为"可燃冰"。现已证实分子结构式为 $CH_4 \cdot 8H_2O$。最初人们认为只有在太阳系外围那些低温、常出现冰的区域才可能出现,但后来发现在地球上许多海洋洋底的沉积物底下,甚至地球大陆上也有可燃冰的存在,其蕴藏量也较为丰富。

"可燃冰"是未来洁净的新能源。它的形成与海底石油、天然气的形成过程相仿,而且密切相关。埋于海底地层深处的大量有机质在缺氧环境中,厌气性细菌把有机质分解,最后形成石油和天然气(石油气)。其中许多天然气又被包进水分子中,在海底的低温与压力下又形成"可燃冰"。这是因为天然气有个特殊性能,它和水可以在温度2℃～5℃内结晶,这个结晶就是"可燃冰"。因为主要成分是甲烷,因此也常称为"甲烷水合物"。在常温常压下它会分解成水与甲烷,"可燃冰"可以看成是高度压缩的固态天然气。

> 从微观上看其分子结构就像一个一个"笼子",由若干水分子组成一个笼子,每个笼子里"关"一个气体分子。

远古生物化能源——化石能

介绍——青藏高原发现可燃冰

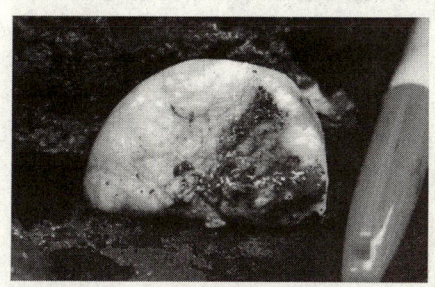

中国地质部门在青藏高原发现了一种名为可燃冰（又称天然气水合物）的环保新能源，预计十年左右能投入使用。这是中国首次在陆域上发现可燃冰，使中国成为加拿大、美国之后，在陆域上通过国家计划钻探发现可燃冰的第三个国家。据介绍，初略的估算，远景资源量至少有350亿吨油当量。

◆青藏高原发现的可燃冰

20世纪60至90年代，科学家在南极冻土带和海底发现一种可以燃烧的"冰"，这种环保能源一度被看作替代石油的最佳能源。

海洋中的能源——可燃冰

可燃冰是由海洋板块活动而成。当海洋板块下沉时，较古老的海底地壳会下沉到地球内部，海底石油和天然气便随板块的边缘涌上表面。当接触到冰冷的海水和在深海压力下，天然气与海水产生化学作用，就形成水合物。科学家估计，海底可燃冰分布的范围约占海洋总面积的10%，相当于4000万平方千米，是迄今为止海底最具价值的矿产资源，足够人类使用1000年。

◆海底存在大量的可燃冰

绝大多数"可燃冰"分布在海洋里，那里的储量是陆地的100倍以上，这是由可燃冰形成的条件决定的。要形成可燃冰，必须同时具备三个条件：温度不能太高；压力要够；地底要有气源。因为，在陆地只有西伯利亚的永久冻土层才具备形成条件和使之保持稳定的固态，而海洋深层300～500米的沉积物中都可能具备这样的低温高压条件。因此，其分布的陆海比例

低碳与新能源

◆俄罗斯西伯利亚永久冻下面可能含有可燃冰

块下沉时,较古老的海底地壳会下沉到地球内部,海底石油和天然气会沿着板块的边缘涌上来。在深海压力下,天然气接触到冰冷的海水便会产生化学作用,生成甲烷水合物晶体。

为1∶100。

不管海平面温度如何,水越深温度越低,海底温度通常只有3℃~4℃,这就保证了形成可燃冰的温度条件;另外,由于海底的有机物沉淀至少都有成千上万年的历史,死去的鱼虾、藻类体内都含有碳,经过生物转化,可形成充足的甲烷气源。当海洋板

长期以来,有人认为我国的海域纬度较低,不可能存在"可燃冰";而实际上我国东海、南海都具备生成条件。

讲解——高难度的开采技术

"可燃冰"大多埋藏在海底的岩石中,这给开采和运输带来极大困难。有学者认为,按照人类目前的认识,可燃冰的主要成分为甲烷(80%)和二氧化碳(20%),在低温和高压的共同作用下,甲烷与水结晶形成固态的冰球。如果这种冰球被从海底提升到海面,在常温和常压环境下极易分解,甲烷气体则人不知鬼不觉地悄然溜掉。而甲烷是一种已知的反应快速、影响明显的温室气体,所产生的温室效应要比二氧化碳大得多。而可燃冰矿藏哪怕受到极小的破

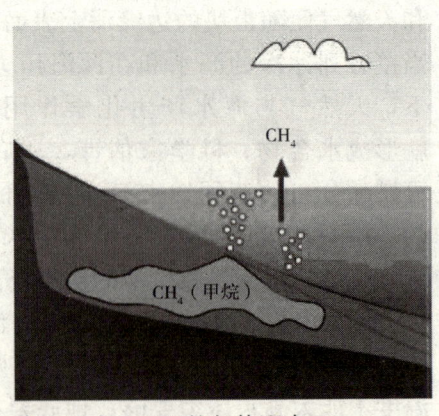

◆一不小心,甲烷气体溜走了

远古生物化能源——化石能

坏，都足以导致甲烷气体大量泄漏。另外，陆缘海边的可燃冰开采起来十分困难，一旦发生井喷事故，就会造成海啸、海底滑坡、海水毒化等灾害。

 广角镜——水下机器人探测可燃冰

基尔大学的科学家研制出新型深水机器人"ROV Kiel 6000"，这架价值320万欧元的深水机器人能够下探到6000米深的海底，寻找神秘的深水生物和"白色黄金"——可燃冰。

这款高功效潜水机器人，它能够下探到6000米以下的海底，拍摄照片并采取标本。项目负责人海茨席说："利用这一新型机器人可以探测地球上95％的深海地表。"

◆寻找可燃冰

 **拓展思考**

1. 冰为什么可燃？什么是可燃冰？
2. 可燃冰是怎样形成的？它的形成和石油有什么区别？
3. 可燃冰会融化吗？它怎样存储呢？
4. 世界上的可燃冰主要分布在哪些地方？

低碳与新能源

微生物发酵产生的能源——沼气能源

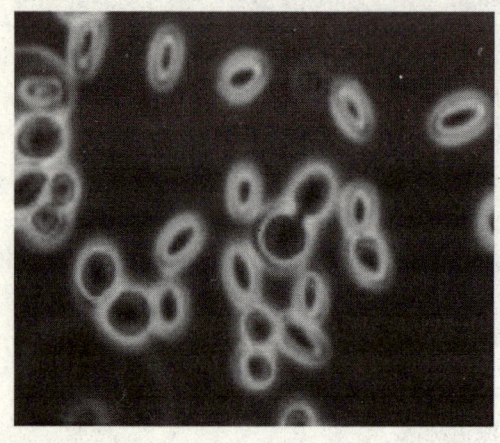

◆能为人类提供能量的酵母菌

在千姿百态的生物世界中，存在一种我们肉眼看不见、摸不着的微生物，能为人类提供能源。提起微生物，往往会使人们想起它会使食物腐烂变质，也会使人感染上各种疾病。因此，对它们又害怕、又憎恶。但是，在微生物的家族中，因为种类不同，它们的作用也不尽相同，有的会给人类带来灾难，有的会给人类带来幸福。微生物中，能为人类提供能量的甲烷细菌和酵母菌，它们可以生产出沼气和酒精，为人类做出贡献。

来自沼泽里的气体

沼气，顾名思义就是沼泽里的气体。人们经常看到，在沼泽地、污水沟或粪池里，有气泡冒出来，如果我们划着火柴，可把它点燃，这就是自然界天然发生的沼气。沼气，是各种有机物质，在隔绝空气（还原条件），加上适宜的温度、湿度下，经过微生物的发酵作用产生的一种可燃烧气体。它无色、无味、无毒，密度约为空气的55％，难溶于水，易燃，1立方米沼气的发热量为35857千焦。

沼气是一种混合气体，主要成分是甲烷和二氧化碳。甲烷占60％～70％，二氧化碳占30％～40％，还有少量氢气、一氧化碳、硫化氢、氧气和氮气等气体。由于含有可燃气体甲烷，故沼气可作燃料。沼气是细菌在

远古生物化能源——化石能

厌氧条件下分解有机物的一种产物。城市有机垃圾、污水处理厂的污泥、农村的人畜粪便、作物秸秆等，皆可作产生沼气的原料。

产生甲烷的细菌是厌氧的，少量的氧也会严重影响其生长繁殖。这就需要一个能隔绝氧的密闭消化池。

在上述过程中，起发酵分解作用的是多种细菌共同作用的结果。为了使沼气发酵持续进行，必须提供和保持沼气发酵中各种微生物所需的生活条件。温度在厌氧消化过程中是一个重要因素，甲烷菌能在0℃～80℃的温度范围内生存，有分别适应低温（20℃）、中温（30℃）、高温（50℃）的各类细菌，最适宜的繁殖的温度分别为15℃、35℃、53℃左右。甲烷菌生长繁殖最适宜的pH值约为7.0～7.5，超出此范围，厌氧消化的效率就会降低。在厌氧消化过程中担负废弃物发酵作用的细菌，还需要氮、磷和其他营养物质。投入沼气池的原料比例，大体上要按照碳氮比等于20∶1～25∶1。此外，还应控制影响沼气发酵的有害物质浓度。

 原理介绍

细菌分解有机物的过程

细菌分解有机物的过程，大体分为两个阶段：第一阶段，将复杂的高分子有机物质转化为低分子的有机物，例如乙酸、丙酸、丁酸等。第二阶段，将第一阶段的产物转化为甲烷和二氧化碳。

沼气还能发电

可再生能源是中国实现可持续发展的重要能源，其中沼气发电是可再生能源的重要利用方式，合理有效利用这一新型能源，能为我国农村和农业发展带来巨大的帮助。

沼气发电技术是集环保和节能于一体的能源综合利用新技术。它是利用工业、农业或城镇生活中的大量有机废弃物（例如酒糟液、禽畜粪、城

低碳与新能源

市垃圾和污水等），经厌氧发酵处理产生的沼气，驱动沼气发电机组发电，并可充分将发电机组的余热用于沼气生产，使综合热效率达80%左右，大大高于一般30%到40%的发电效率，经济效益显著。

沼气发电技术本身提供的是清洁能源，不仅解决了沼气工程中的环境问题、消耗了大量废弃物、保护了环境、减少了温室气体的排放，而且变废为宝，产生了大量的热能和电能，符合能源再循环利用的环保理念，同时也带来巨大的经济效益。

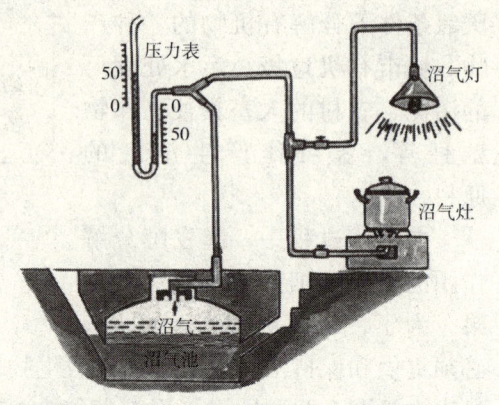
◆沼气发电

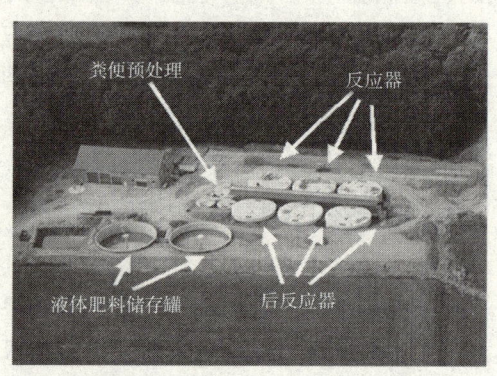
◆德国卢森堡的沼气工厂俯视图

农村广阔的沼气应用前景

我国可用于沼气发电的资源十分丰富。首先，受饮食结构的影响，我国生猪存栏量达到数亿头，牛羊、家禽等养殖量也十分巨大，禽畜粪便总排放量巨大。

同时，我国广大农村生物质资源非常丰富，解决农村电气化，沼气发电是一个很重要的途径。但是，大中型沼气工程与沼气发电工程的一次性投资费用都相当大，而沼气工程投资费用是沼气发电工程的4倍左右。只有在推广沼气工程应用的同时，不断进行研究提高沼池产气率，并积极推

远古生物化能源——化石能

◆用来产生沼气的秸秆

广应用沼气发电工程,才能在社会效益尽量保持不变的前提下,使经济效益不断提高,也才能使整个工程总的一次性投资回报率大大提高。

此外,沼气发电机发电与发电机余热利用综合热效率比任何其他热动力设备或装置的热效率都高。进行沼气发电即使民用,也可以将电通过电缆输送到每家每户,提前实现全部家用设备电气化,既方便又干净。用不完的电还可以并入电网中,这是最科学、合理、高效应用沼气能源的途径。

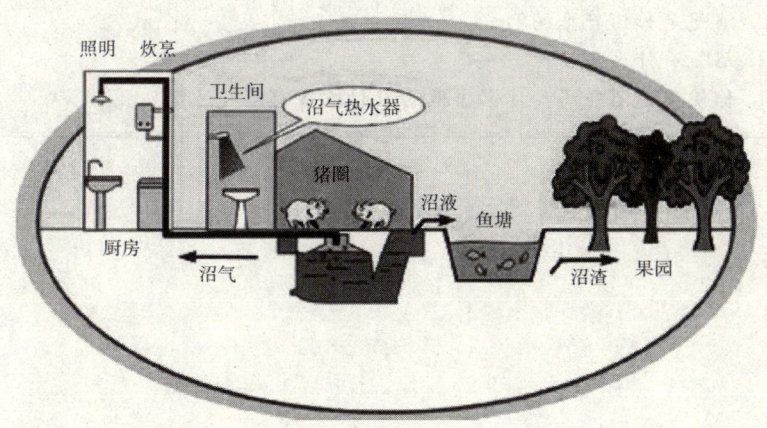

◆农村沼气得到了充分的利用

有些地方除用沼气煮饭、点灯外,还办起了小型沼气发电站,利用沼气能源作动力进行脱粒、加工食料、饲料和制茶等,闯出了用"土"办法解决农村电力问题的新路子。专家们认为,21世纪沼气在农村之所以能够成为主要能源之一,是因为它具有不可比拟的特点,特别是在中国的广大农村,这些特点就更为显著了。首先,沼气能源在中国农村分布广泛,潜力很大,凡是有生物的地方都有可能获得制取沼气的原料,所以沼气是一

低碳与新能源

种取之不尽,用之不竭的再生能源。其次,可以就地取材,节省开支。沼气电站建在农村,发酵原料一般不必外求。兴办一个小型沼气动力站和发电站,设备和技术都比较简单,管理和维修也很方便,大多数农村都能办到。

无论在农村还是城镇,都可以根据本地的实际情况,就地利用粪便、秸秆、杂草、废渣、废料等生产的沼气来发电。

拓展思考

1. 什么是沼气?它里面有什么成分?
2. 沼气是如何产生的?
3. 沼气有什么用途?
4. 你使用过沼气吗?你家当地的农村地区有沼气池吗?

远古生物化能源——化石能

来自绿色植物的可再生能源
——生物质能

生物质能一直是人类赖以生存的重要能源,它是仅次于煤炭、石油和天然气而居于世界能源消费总量第四位的能源,在整个能源系统中占有重要地位。人类利用生物质的历史极其悠长,薪柴秸秆的直接燃烧利用曾给人类的生存发展带来极大的支撑,在人类发展史上发挥了更重要作用的化石类能源煤炭、石油、天然气等也是

◆生物质能随处可见

生物质中的有机物经过上亿年的时间演变而来。生物质能的原始能量来源于太阳,所以从广义上讲,生物质能是太阳能的一种表现形式。

最早的能源——生物质能

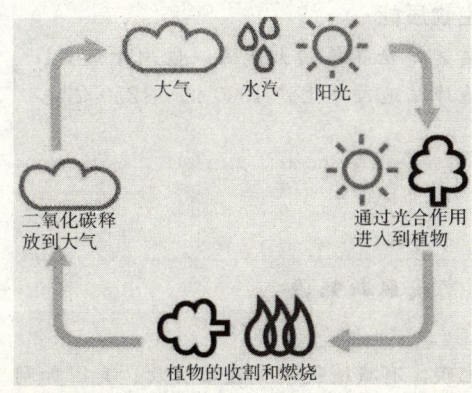

◆碳循环示意图

生物质能是人类利用最早的能源之一,具有分布广、可再生、成本低等优点。20世纪70年代以来出现的能源危机,激发了人类利用可再生能源的愿望。生物质资源作为一种重要的可再生能源,对其的开发和利用正日益引起人们的重视。

生物质属可再生资源,生物质能由于通过植物的光合作用可以再

低碳与新能源

◆分布广阔的生物质能

生,与风能、太阳能等同属可再生能源,资源丰富,可保证能源的永续利用。

生物质固体燃料是由多种可燃质、不可燃的无机矿物质及水分混合而成的。其中,可燃质是多种复杂的高分子有机化合物的混合物,主要由C、H、O、N和S等元素所组成,而C、H和O是生物质的主要成分。生物质的硫含量、氮含量低、燃烧过程中生成的SO_x、NO_x较少;生物质作为燃料时,由于它在生长时需要的二氧化碳相当于它排放的二氧化碳的量,因而对大气的二氧化碳净排放量近似于零,可有效地减轻温室效应。

生物质能源的年生产量远远超过全世界总能源需求量,相当于目前世界总能耗的10倍。我国可开发为能源的生物质资源到2010年就达3亿吨。随着农林业的发展,特别是炭薪林的推广,生物质资源还将越来越多。

开心驿站

丰富的生物质能

生物质燃料总量十分丰富。生物质能是世界第四大能源,仅次于煤炭、石油和天然气。根据生物学家估算,地球陆地每年生产1000亿~1250亿吨生物质;海洋年生产500亿吨生物质。

广角镜——从"人造树叶"中获取新能源

众所周知,树木吸收大气中的二氧化碳,有减缓气候变暖之功效。美国加利福尼亚大学伯克利分校的科学家迈克尔·马哈尔比兹通过模拟植物蒸腾研发出一

远古生物化能源——化石能

种新型洁净的替代能源。人造树叶主要由玻璃晶片制成,是人造树木的一部分。"水晶叶"中排列着微小的水流管道,可使水流到达树叶进行蒸发。整个装置的驱动力——即能量的产生源自中枢茎杆。茎杆中有与电路相连的金属片,起到电容器的作用。水流经过树叶时,会与空气中的气泡定期相遇。

由于水和空气的电学性能不同,因此,水流和气泡的每次邂逅都会产生些许电流。这些电流被电容器吸收,用于驱动整个装置的运行。

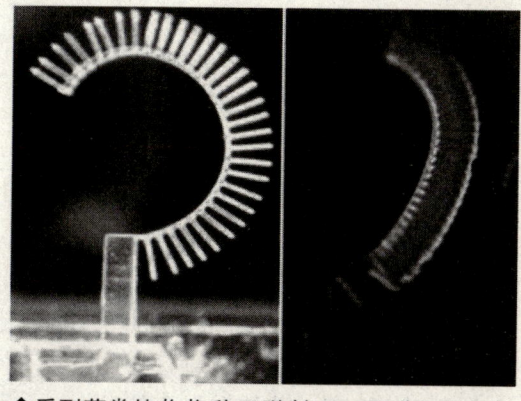

◆受到蕨类植物将种子弹射到四周进行传播繁殖的启发,迈克尔·马哈尔比兹设计出了"水晶树叶"的驱动原理

生物质能的广泛用途

◆东北人的炕

生物质直接燃烧技术是生物质能源转化形式的一项相当古老的技术,人类对能源的最初利用就是从木柴燃火开始的。现阶段,我国农村生活用能结构虽然发生了一定的变化,但薪柴、秸秆等生物质仍占消费总能量的50%以上,是农村生活中的主要能源。这种能源消费结构在相当长的时期内不会发生质的变化,因此在农村,特别是偏远山区,生物质炉灶仍然是农民炊事、取暖的主要生活用能设备。

当前改造热效率仅为10%左右的传统烧柴灶,推广效率可达20%~30%的节柴灶这种技术简单、易于推广、效益明显的节能措施,被国家列为农村新能源建设的重点任务之一。生物质能灶是目前较为成功的一种,

43

低碳与新能源

该设备采用生物质气化技术，将固态生物质原料以热解反应转换成可燃气体。其基本原理是将生物质原料加热，在缺氧燃烧的条件下，使高分子量的有机碳氢化合物链断裂，变成低分子的烃类、一氧化碳和氢等。这种方法改变了生物质原料的形态，使能量转换效率比固态生物质直接燃烧有成倍的提高，节约燃料5倍以上。

> 间接作为燃料的有动物粪便、垃圾及藻类等，它们通过微生物作用生成沼气，或采用热解法制造液气体燃料。

传统生物质直燃技术虽然在一定时期内满足了人类取暖饮食的需要，但普遍存在能量的利用率低规模小等缺点。当生物质燃烧系统的功率大于100千瓦时，例如在工业过程、区域供热、发电及热电联产领域，一般采用现代化的燃烧技术。

工业用生物质燃料包括木材工业的木屑和树皮、甘蔗加工中的甘蔗渣等。目前法国、瑞典、丹麦、芬兰和奥地利是利用生物质能供热最多的国家，利用中央供热系统通过专用的网络为终端用户提供热水或热量。在发达国家，目前生物质燃烧发电占可再生能源（不含水电）发电量的70%，例如，在美国与电网连接以木材为燃料的热电联产总装机容量已经超过7000兆瓦。目前，我国生物质燃烧发电也具有了一定的规模，主要集中在南方地区，许多糖厂利用甘蔗渣发电。例如，广东和广西两省共有小型发电机组300余台，总装机容量800兆瓦，云南省也有一些甘蔗渣电厂。

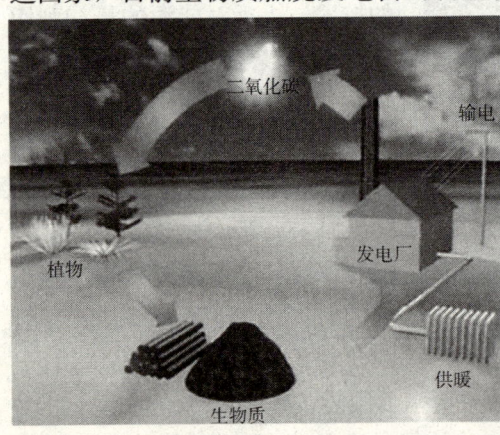

◆生物发电原理图

远古生物化能源——化石能

生物柴油（酯化）

酯化是指将植物油与甲醇或乙醇在催化剂和230℃～250℃温度下进行酯化反应，生成生物柴油，并获得副产品——甘油。生物柴油可单独使用以替代柴油，又可以一定比例（2%～30%）与柴油混合使用。除了为公共交通车、卡车等柴油机车提供替代燃料外，又可为海洋运输业、采矿业、发电厂等具有非移动式内燃机行业提供燃料。

介绍——世界上最大的生物质能电厂

位于芬兰境内的 Oy Alholmens Kraft 生物质能电厂，燃烧物来源主要有树皮、树枝和泥炭，工厂里安装着世界上最大的锅炉——产生550兆瓦的热能，可以输出的最大电能为240兆瓦，同时产生160兆瓦的蒸汽（可供附近的工厂和居民使用）。工厂的经理介绍道：我们一天得要120车满载的生物燃料才行，每车燃料仅仅够燃烧6～7分钟。

2010年，威尔士宣称要建一座350兆瓦的生物质能电厂，问题是它得从加拿大进口木材等燃料，这让人不由地怀疑它的可再生性。

◆最大的生物质能发电厂

低碳与新能源

 **拓展思考**

1. 什么是生物质能？它有什么特点？
2. 你能说出几种生物质能的用途吗？
3. 联想你学习生活中用到了哪些种类的计算机产品呢？
4. 世界上最大的生物质能发电厂在哪里？

远古生物化能源——化石能

变废为宝
——第二代生物燃料

2008年的全球粮食危机仍让人心有余悸，由于利用玉米等制造生物燃料需要占用耕地，结果生物燃料被打上了"与粮争地，与人争食"的标签，被认为部分地导致了粮食危机。与使用粮食作物为原料的第一代生物燃料不同，第二代生物燃料以秸秆、草和碎木等农业废弃物或非粮作物为主要原料，又被称为纤维素乙醇，或非粮生物燃料。

◆从植物果实中榨油作为第二代生物燃料

第一代技术令人遗憾

◆利用玉米生产酒精

为减轻环境、能源压力，很多国家都在研制以玉米、小麦等为原料的生物能源代替汽油，给汽车提供动力。这就是第一代生物燃料技术。

美国主要是利用玉米来生产酒精，并以最高85%的比例混入汽油中使用，而大豆则用于提炼生物柴油。从2001年到2006年，美国的酒精生产量从17亿加仑增长到48亿加仑。一些行业人士相信，这个生产量将有可能在2015年上升到160亿加仑并且同时保证供应人类和牲畜对玉米的需求。

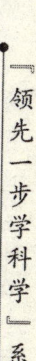
"领先一步学科学"系列

低碳与新能源

◆巴西人用甘蔗生产酒精

◆营养丰富的大豆也成为牺牲品

目前德国生物柴油销售量已超过300万吨，占德国汽车柴油总消费量的10%。德国共有1200万公顷农田，到2012年，将有300万到400万公顷用于种植提取生物燃料的作物，如油菜、玉米、土豆、甜菜等。

据了解，德国现在利用最多的生物燃料是"花能源"。其整个生产过程是：每年7月份，油菜籽成熟后进行收获，然后菜籽被榨成食用油，再将菜油转变成甲基酯，经合成后成为生物柴油。

美国急匆匆地利用玉米和大豆、巴西利用甘蔗来制取燃料乙醇。现在看来，上马这些技术尽管不能说是一个错误的决定，但至少是令人遗憾的，因为第一代生物燃料技术给世界带来了不小的伤害。其实，这种伤害的产生比较容易理解。当石油价格急剧上涨，燃料乙醇作为运输替代能源就变得有利可图；同时，政府也希望借此来减少对外来石油的依赖，拿出巨额补贴来鼓励农民生产更多的玉米乙醇。

对巴西而言，采用甘蔗制取乙醇尽管可以减少对石油的依赖，但要付出亚马孙热带雨林的代价。从环境的角度来看，这是人们不期望发生的。

联合国粮农组织指出，由于受生物燃料工业的需求以及干旱的影响，全球谷类的价格，

> 要解决燃料问题当然不能光靠种植油菜等。不是将目光盯住生物能源，而应该是多种能源共同作为动力。

远古生物化能源——化石能

特别是小麦和玉米的价格已升到了最近十年来的最高点。

 **广角镜——麻风树有望"拯救地球"**

◆麻风树最早生长在中美洲地区,如今是第二代生物燃料中的佼佼者

样子丑陋还带有毒性的麻风树以前一直不被人们青睐。由于其果实可以榨出很多油来,麻风树目前已经摇身一变成为理想的生物燃料作物。在不少人心中,麻风树是解决能源危机、缓解全球气候变暖的"救星"。

麻风树果实的含油量很丰富,最高可达40%。果实榨出的油可以用作柴油发动机汽车的燃料,剩余的残渣可用于发电。

麻风树对干旱和虫灾有很强的抵抗力,能够在连续旱灾的情况下存活3年。鉴于麻风树几乎可以在热带或亚热带地区的任何地方生根发芽的特点,科学家建议在荒地种植。

卓越的二代生物燃料

第二代生物燃料以非粮作物乙醇、纤维素乙醇和生物柴油等为代表,原料主要使用非粮作物,秸秆、枯草、甘蔗渣、稻壳、木屑等废弃物,以及主要用来生产生物柴油的动物脂肪、藻类等。由此可见,第二代生物燃料与第一代最重要的区别之一,就在于是否以粮食作物为原料。

此外,在环境保护方面,第二代生物燃料的表现也远较第一代的出色。据美国能源部研究,更注重生态效应的第二代生物燃料有望减少最高达96%的温室气体排放;而第一代以玉米为原料的燃料乙醇,平均仅可以减少约20%的温室气体排放。而且,第二代生物燃料,尤其是纤维素乙醇的取材范围相当广泛,秸秆、枯草等农业废弃物均可入料。对农业废料的循环利用保证了生物质能源的可持续发展,解决了第一代生物燃料生产过

低碳与新能源

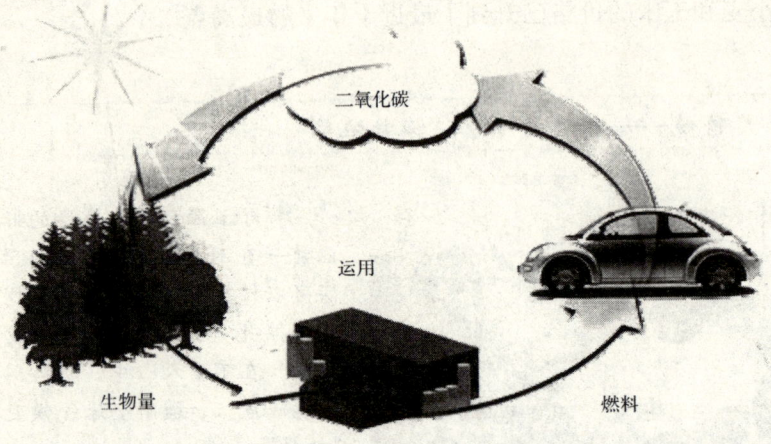

◆第二代生物燃料循环示意图

程中耗费更多能源和使用更多化学物质的问题，同时也降低了对人类健康的潜在威胁。

目前世界各国都在着力研发第二代生物燃料，与第一代相比，第二代生物燃料的生产原料不会挤占食物资源或水资源所用的耕地，也不会引起森林采伐的行为。

◆秸秆也是第二代生物燃料的原料

 万花筒

三类二代生物燃料

在第二代生物燃料的研发上，科学家们主要锁定了三大类植物：草、树和海藻。草和树生长在陆地上，但需要复杂的处理程序。海藻生长在水里，培育起来比较复杂，但可生产高品质油，可被轻易转化成生物柴油。

远古生物化能源——化石能

汽车巨头盯上新能源

现在利用农业废料生产第二代生物燃料已经变为现实。通用汽车公司宣布，将加快基于非粮食原料的第二代纤维素乙醇燃料的研发和商业化进程，并期望这个方案能够缓解对石油的依赖以及减少温室气体排放。

德国大众公司等欧洲汽车制造商就与德国佛莱堡科伦工业集团开展合作，共同开发取自稻草或秸秆的第二代生物燃料，该工业集团年产2万吨的"第二代生物柴油"项目已于2008年启动。

◆新能源汽车是汽车业发展方向

高度重视的二代生物燃料

◆奥巴马大力支持第二代生物燃料

许多国家都加大了对发展第二代生物燃料的重视程度和投入力度。美国规定，2008年美国使用的可再生燃料为90亿加仑，到2022年将达到360亿加仑，其中必须有210亿加仑为第二代生物燃料。美国总统奥巴马在白宫接受记者采访时指出："我一直支持生物能源，因为这是实现我们能源独立的重要因素。我也说过发展下一代生物燃料的重要性。我们必须在发展纤维素生物乙醇方面做得更好。"

加拿大在2008年投入近5亿美元用于发展第二代生物燃料。德国将第

领先一步学科学 系列

低碳与新能源

二代生物燃料定为未来能源发展战略重点之一，在其研发、生产和商业应用方面已逐渐形成体系。日本航空公司首次用亚麻荠等植物提炼的第二代生物燃料成功进行了示范飞行。

作为世界上最大的使用非粮作物生产乙醇的国家，巴西大量利用甘蔗渣发电，产生了很好的效果。同时，巴西和哥伦比亚的

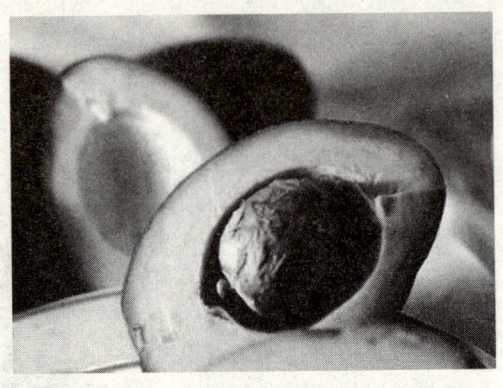

◆鳄梨能生产生物柴油

研究机构已从棕榈油中提炼出第二代生物柴油。利用蓖麻子、松子、葵花子、鳄梨等生产生物柴油的技术也处于研制之中。

介绍——第二代生物燃料飞天

◆天然海藻油

美国大陆航空公司试飞的波音737—800飞机采用了包含海藻与麻风树提取物的混合生物燃料，海藻油由Sapphire能源公司提供，而麻风树油则由Terrasol公司提供。这是第一次采用包含部分藻类提取物的燃料提供动力的商用飞机飞行。相比于麻风树来说，海藻似乎是一种更为物美价廉的替代品。它没有粮食作物原料的任何缺点，无需土地，无需淡水，只要阳光充足，在盐水中就能生长。

> 航空煤油又被看作是航空业碳排放的罪魁祸首。向大气层排放的二氧化碳量比早前预计要高出20%。

远古生物化能源——化石能

新燃料飞出第一步

◆青桐木也是能生产生物原油的植物

飞机燃油大致有三种：航空汽油、航空煤油、航空柴油。民用客机绝大多数使用航空煤油，因为大型客机能在1万米之上高空飞行，其发动机必须适应高空缺氧，气温、气压较低的恶劣环境；而航空煤油有较好的低温性、安定性、蒸发性、润滑性以及无腐蚀性，不易起静电和着火危险性小等特点。

为减少油料依赖、降低成本和实现航空减排，使得包括飞机制造商、航空公司、发动机生产商在内的航空产业链上的成员们以及能源和学术界领导者通力合作，以努力开发民用飞机可使用的可持续生物燃料，实现更绿色的飞行。

新西兰航空公司试飞的波音飞机装备罗尔斯罗伊斯RB211发动机，由麻风树及Jet A1燃油各占50％的混合生物燃料为其中一台发动机提供动力。新西兰航空为试飞挑选精炼的麻风树原油。新西兰航空公司披露的生物燃料测试飞行结果显示：按照50∶50比例混合而成的麻风籽油燃料和标准喷气式燃料在B747上节省了1.2％的燃油，并减少了60％～75％的二氧化碳排放量。

◆首次采用二代生物燃料飞天

53

 低碳与新能源

 拓展思考

1. 第二代生物燃料以什么为主要的原料？
2. 为什么说第一代生物燃料技术令人遗憾？
3. 哪种植物是第二代生物燃料中的佼佼者？
4. 第二代生物燃料有什么优点？

远古生物化能源——化石能

给地球降温——生物炭

◆成型的生物炭

由于气候变化问题显得越来越严重，我们急需拿出一些经济、简单、快捷的方式，来尽量缩减温室气体的排放量。一种设想就是利用"生物炭"技术。生物炭是由农业废料在缺氧的环境中燃烧所形成的一种木炭。生物炭结构异常稳定，可以存储于地下数百年时间而不变质，也不会将其碳元素释放于空气之中。生物炭还可以作为肥料改进土壤的结构。

什么是生物炭？

生物炭不是一般的木炭，是一种碳含量极其丰富的木炭。它是在低氧环境下，通过高温裂解将木材、草、玉米秆或其他农作物废物碳化。这种由植物形成的，以固定碳元素为目的的木炭被科学家们称为"生物炭"。它的理论基础是：生物质，不论是植物还是动物，在没有氧气的情况下燃烧，都可以形成木炭。

◆生物炭是一种经过高温裂解"加工"过的生物质

55

低碳与新能源

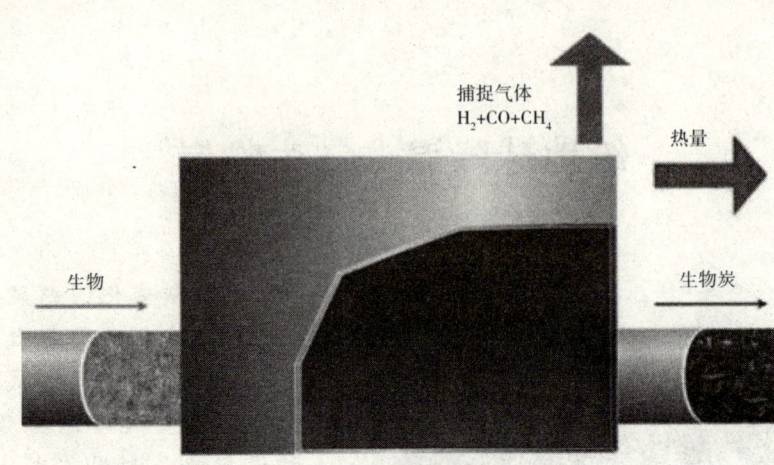

◆生物炭生产过程

生物炭是一种经过高温裂解"加工"过的生物质。裂解过程中，大约1/3转化为生物炭，1/3转化为可用于燃烧发电的合成气，还有1/3则形成原油替代品。这种替代品虽然无法用作运输燃料，但却可以用来制造塑料。碳还有一种稳定形式——木炭，木炭被埋入地下，整个过程为"碳负性"。

生物炭几乎是纯碳，埋到地下后可以有几百至上千年不会消失，等于把碳封存进了土壤。生物炭富含微孔，不但可以补充土壤的有机物含量，还可以有效地保存水分和养料，提高土壤肥力。事实上，之所以肥沃的土壤大都呈现黑色，就是因为含碳量高的缘故。英国环保大师詹姆斯·拉夫洛克称，生物炭是减轻灾难性气候变化的唯一希望。

 万花筒

农业的好帮手——生物炭

生物炭也能提高农业生产率，减少对碳密集肥料的需求。木炭碎料的孔洞结构十分容易聚集营养物质和有益微生物，从而使土壤变得肥沃，利于植物生长，实现增产的同时让农业更具持续性。更妙的是，它把碳锁定在生物群内，而非让它排放到空气中。

远古生物化能源——化石能

讲解——变废为宝可得生物炭

很多其他材料也可以制造木炭，诸如农业产生的大量动植物废料——麦秆、种壳、粪便等；人类制造的垃圾——比如下水污泥或其他生活垃圾都能派上用场。使用垃圾废料生产生物炭还有双重减碳的效果。如果任垃圾肥料腐烂，它们会产生甲烷。甲烷也是一种温室气体，其对温室效应的影响是二氧化碳的二十多倍。

◆许多废料可以成为生物炭的原料

但是，难点在于如何经济有效地收集这些废料。克里斯·古德尔在《拯救地球的十种技术》中写道："在全球范围内，大规模组织生物炭生产和固碳等活动，让农民因将生物炭埋入土壤而得到报酬，实施起来有点难度。"

生物炭能否给地球降降温？

◆提高土壤肥力的生物炭

科学家表示，几百年前，亚马孙印第安人用来提高土壤肥力的生物炭，在现代世界可以帮助减缓全球气候变化，大规模生产生物炭可吸收大量温室气体。

生物炭不是一般的木炭，是一种碳含量极其丰富的木炭。它是在低氧环境下，通过高温裂解将木材、草、玉米秆或其他农作物废物碳化。木炭碎料的孔洞结构十分容易聚集营养物质和有益微生物，从而使土壤变得肥沃，利于植物生长，实现增产的同时让

"领先一步学科学"系列

低碳与新能源

农业更具持续性。更妙的是，它把碳锁定在生物群内，而非让它排放到空气中。今天，令科学家感兴趣的是生物炭的现代利用价值。

> 早在几百年前，亚马孙印第安人就将生物炭和有机质掺入土中，创造出肥沃的黑土，今天这种木炭被称为生物炭。

这项研究涉及生物炭的"生命周期分析"，它的形成过程对减缓全球变暖所起的作用，以及使用它可能产生的影响。研究结果表明，制造生物炭是一种固定二氧化碳的经济可行的方式，不仅固化了树木和作物内已吸收的二氧化碳，其产物"生物炭"保存在土壤中，几千年都不会发生变化，生产可再生能源的同时，还提高了土壤肥力，提高农作物产量。生物炭可以被埋入废弃煤矿，或耕种时埋入土壤中。生物炭填埋还有利于改善土壤排水系统，并将80%

◆生物炭可以给地球降降温吗？

左右的诸如一氧化氮和甲烷等温室气体封存在土壤中，阻止其排放到大气中。

制作生物炭的现代方法是在低氧环境下用高温加热植物垃圾，使其裂解。气候专家找到了更清洁环保的方式，进行工业规模二氧化碳固定，利用巨型微波熔炉将二氧化碳封存在"生物炭"中，然后进行掩埋。这种特制"微波炉"将成为战胜全球变暖的最新利器。因此，该技术每年可以减少向空气中排放几十亿吨二氧化碳。目前不少人将生物炭技术视

> 由于地球变暖，天然碳吸收量正在下降，这意味着我们要么付出更大的努力减少空气中的碳含量，要么停止向空气中排放碳。

远古生物化能源——化石能

为目前为止解决气候变暖问题的"尚方宝剑",一种"气候变化减缓"战略和恢复退化土地的方式。有些专家甚至声称,生物炭可吸收如此多的二氧化碳,以至地球能恢复到工业化之前的二氧化碳水平。

 开心驿站

吸收与排放不平衡

据全球碳计划统计,2000~2007年,人类排放到大气中的二氧化碳中每年有54%,约48亿吨,被陆地和海洋中的碳汇(例如森林和海洋中的浮游生物等)所吸收。然而每年仍然有大约40亿吨的剩余的碳需要我们想办法去降低或者吸收。

 生物炭的质疑

◆约翰纳斯·雷曼教授

美国康奈尔大学农业与生命科学学院教授约翰纳斯·雷曼,曾经出版了一本书,详细讲述了生物炭的优缺点。在他看来,完全不必把气候变化引入生物炭领域,仅靠其提高土壤肥力的优点,以及处理垃圾的能力,就足以让老百姓主动采用这项技术。不过,也有人认为生物炭固碳根本无法实现,而且还可能对地球带来无法估量的灾难。

针对争议激烈的"生物炭"问题,来自126个社会团体2007年3月26日联名发表宣言:《生物炭,人类、土地和生态系统的新威胁》,在宣言中,他们明确表示反对"生物炭",认为其对土地、人类和生态系统构成新的巨大威胁。在宣言中,他们写道:不少人将在土壤中添加木炭得到生物炭看作一种"减缓气候变化"的策略,并且将其看作一种使土地重新焕发生机的方式。还有人认为,这种方式可以吸收大量二氧化碳,让地球恢复到工业化之前的二氧化碳浓度。其实,这些说法都站不住

低碳与新能源

脚,也是不可行的。宣言指出,如果大规模地生产生物炭,可能需要亿万公顷的土地(主要是植树),同时也会大大改变全球的土地结构和生态系统,造成的后果无法估量。

拓 展 思 考

1. 什么是生物炭?它是怎样形成的?
2. 生物炭能否缓解地球变暖?
3. 谁对生物炭提出了质疑?
4. 人类排放到大气中的二氧化碳中每年有多少被陆地和海洋中的碳汇吸收?

取之不尽的自然能源

——太阳能

  作为 21 世纪最有潜力的清洁能源,太阳能产业有着巨大的发展前景,可以为目前能源短缺和非再生能源的消耗所引起的环境问题提供一个很好的解决途径。长期以来,人们就一直在努力研究利用太阳能。我们地球所接受到的太阳能,只占太阳表面发出的全部能量的二十亿分之一左右,这些能量相当于全球所需总能量的 3 万~4 万倍,可谓取之不尽,用之不竭。其次太阳能和石油、煤炭等矿物燃料不同,不会导致"温室效应"和全球性气候变化,也不会造成环境污染。

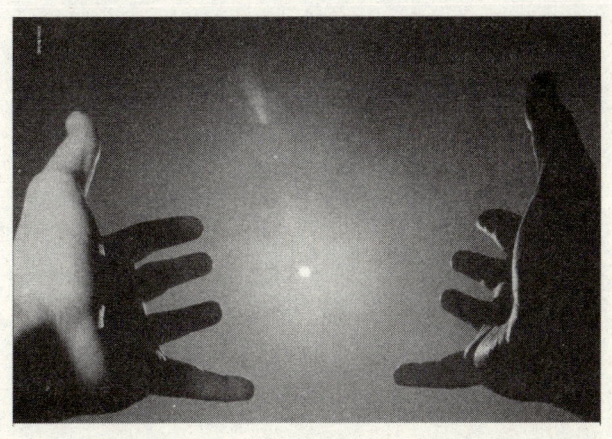

留住太阳光和热
——太阳能光热利用

将太阳能转化成热能可以大大节约能源，目前太阳能光热利用，除太阳能热水器外，还有太阳能热发电、太阳灶、太阳能温室、太阳能干燥系统、太阳能土壤消毒杀菌技术等，这些技术尤其在北方和西部应用较广，成效显著。

放在露天的厨房

◆太阳灶已经进入我国西部地区人家的生活

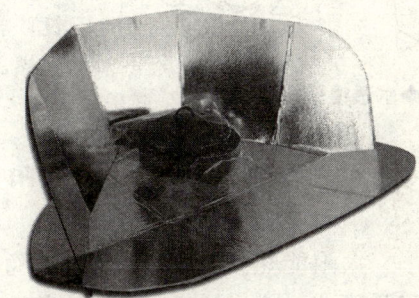
◆闷晒式太阳灶

因收集太阳辐射的方式不同分为"聚光式太阳灶"和"闷晒式太阳灶"两大类。聚光式太阳灶的工作原理：聚光式太阳灶的表面形状为旋转抛物面凹面，上面为反光材料，太阳光经其反射都通过其焦点，在这里形成太阳光线的高密集区，达到加热炊具的目的。闷晒式太阳灶的工作原理是太阳光透过透光率很高的平板玻璃后进入保温箱体，然后被太阳辐射吸收层吸收转变为热，箱内温度上升达到加热目的。它不烧任何燃料；没有任何污染；正常使用时比蜂窝煤炉还要快；和煤气灶速度一致。

低碳与新能源

太阳灶已是较成熟的产品，人类利用太阳灶已有 200 多年的历史，特别是近二三十年来，世界各国都先后研制生产了各种不同类型的太阳灶。尤其是发展中的国家，太阳灶受到了广大用户的好评，并得到了较好的推广和应用。

 动动手——水透镜聚光取火

太阳能的光热转换在实际生活中有广泛的应用。结合上面所讲的内容，我们一起动手来制作简单的光热转换的仪器吧。

如图所示，用粗铁丝弯成圆圈，圆圈上蒙一层透明的塑料薄膜。在薄膜上面倒入适量的水，薄膜受到水的压力作用下坠，形成了水透镜。将水透镜支在一定的高度，让阳光穿过透镜，在地面上聚焦，便可以将放在地面的纸片点燃。

◆水透镜聚光取火

太阳能热发电

太阳能热发电就是用反射镜聚焦阳光，在焦点处加热水产生蒸汽，再通过汽轮机带动发电机发电。一般用在阳光充足的地方。太阳热能通过热蒸汽带动发电机发电，其基本组成与常规发电设备类似，但其根本区别在于热蒸汽的产生方式上。

◆美国加州南部的太阳能热电厂

【槽式太阳能热发电】

在利用太阳能发电方面，槽式聚光热发电系统是迄今为止世界上唯一经过 20 年商业化运行的成熟技术，其造价远低于光伏发电。它的储能系统

取之不尽的自然能源——太阳能

或者燃烧系统可以实现24小时运行，度电成本也很有竞争力。

槽式聚光热发电系统是通过抛物面槽式聚光镜面将太阳光汇聚在焦线上，在焦线上安装管状集热器，以吸收聚焦后的太阳辐射能。管内的流体被加热后，流经换热器加热水产生蒸汽，借助于蒸汽动力循环来发电。该装置从早到晚由东向西跟踪太阳连续运转，集热器轴线与焦线平行呈南北向布置，这是一种一维跟踪太阳的模式，跟踪简易，且光学效率较高。聚光比在30～80之间，温度范围可达400℃。

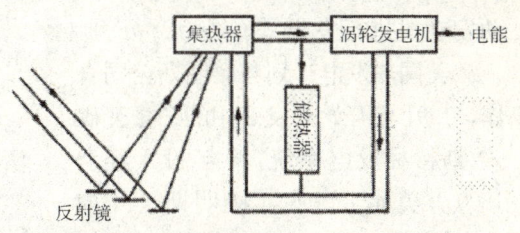

◆太阳能的热发电原理图

美国加州南部的太阳能热电厂自1990年建成后就占太阳能热电厂的榜首，它由相互独立的9个子电厂组成，总装机容量为354兆瓦。

【塔式太阳能热发电】

塔式太阳能热发电系统也称集中型太阳能热发电系统。塔式太阳能热发电系统的基本

◆塔式太阳能热发电系统

◆碟式系统

形式是利用独立跟踪太阳的定日镜群，将阳光聚集到固定在塔顶部的接收器上，用以产生高温，加热物产生过热蒸汽或高温气体，驱动汽轮机发电机组或燃气轮机发电机组发电，从而将太阳能转换为电能。

【碟式系统】

抛物面反射镜/斯特林系统是由许多镜子组成的抛物面反射镜组成，接收器在抛物面的焦点上，接收器内的传热工质被加热到750℃左右，驱

低碳与新能源

动发动机进行发电。

　　美国热发电计划与康明斯公司合作，1991年开始开发商用的7千瓦碟式/斯特林发电系统，5年投入经费1800万美元。1996年康明斯公司向电力部门和工业用户交付7台碟式发电系统，1997年生产25台以上。

> 碟式系统适用于边远地区独立电站。碟式系统光学效率高，启动损失小，效率高达29%，在三类系统中位居首位。

 奇闻趣事：意想不到的火灾

◆森林里大量的露水形成水透镜，会引发火灾

　　这种由水形成的透镜也经常会给人类带来意想不到的灾难。每天清晨，林木的树叶上常挂着露珠，由于地处赤道附近，太阳虽然刚刚升起却已骄阳似火，烈日炎炎，阳光照在露珠上，而每颗露珠又恰似凸透镜使阳光会聚于焦点。假若恰好有枯草或干树叶位于这个焦点上，它们很快就会被点燃起来。特别是小鸟爱用干草或枯枝在树枝上搭巢，森林大火常从鸟巢烧起。

方便的太阳能热水器

　　太阳能转换成热能的另一个常见的例子就是我们现在常用的太阳能热水器。它是在一个称为集热器的套管中把太阳能转换成热能，对从水管通上来的水进行加热后经水管输送到用户的储水箱中备用。

　　太阳能热水器主要是由真空管和不锈钢水箱、支架组成的，它为百姓

◆太阳能热水器已经进入到千家万户

取之不尽的自然能源——太阳能

提供环保、安全节能、卫生的新型热水器产品，太阳能热水器就是吸收太阳的辐射热能，加热冷水提供给人们在生活、生产中使用的节能设备。

集热器：系统中的集热元件。其功能相当于电热水器中的电热管。和电热水器、燃气热水器不同的是，太阳能集热器利用的是太阳的辐射热量，故而加热时间只能在有太阳照射的白昼。

保温水箱：

和电热水器的保温水箱一样，是储存热水的容器。因为太阳能热水器只能白天工作，而人们一般在晚上才使用热水，所以必须通过保温水箱把集热器在白天产出的热水储存起来。容积是每天晚上用热水量的总和。采用搪瓷内胆承压保温水箱，保温效果好，耐腐蚀，水质清洁，使用寿命可长达20年以上。

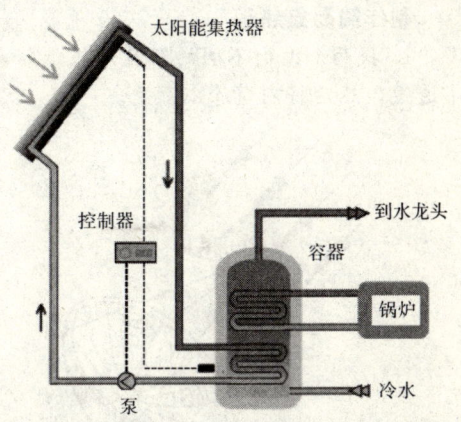

◆太阳能热水器结构图

现在，太阳能热水器在许多家庭已经广泛使用，不仅节省了能源，还保护了环境，应该提倡推广。

动动手——制作太阳能采集器

简易太阳灶

1. 找一个旧炒菜锅，用砂纸打磨干净，收集一些铝箔纸，用圆笔杆在桌面上抹平，平整地贴在炒菜锅的内部，作为聚光镜使用。

2. 用四根铁丝做一个支架，支起一个用罐头盒做的锅，作为太阳能收集器，如图所示。

3. 做一个支座，座上端的中心安一个铁球，铁球上套一个铁皮外套，成为一个转向器，铁皮外套的上面做成和炒菜锅一样的凹面形状，把作为聚光镜的锅焊在上面，可以方便地调整角度和方向。

低碳与新能源

制作简易集热箱

1. 找两个大小不同的纸箱用报纸将箱内壁严密地糊上二至三层，使其内外不透气，然后将内壁涂以黑色。

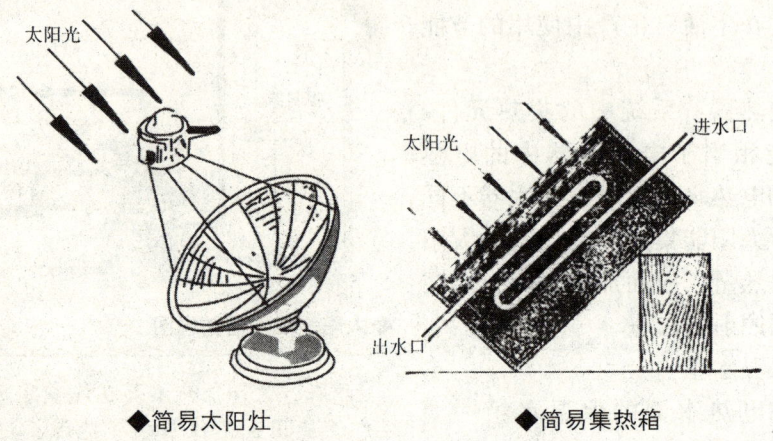

◆简易太阳灶　　　　　　　　◆简易集热箱

2. 在两箱之间填充绝热材料。
3. 按图所示，将水管装入箱内，箱口上盖两层玻璃，两玻璃相距10厘米左右，用贴绒布的木条隔开。玻璃边缘用纸封死，防止内外空气流动。

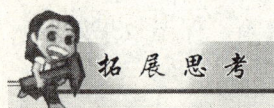

1. 太阳能有哪些用途？
2. 太阳能为什么能用来做饭？你能说说太阳灶的原理吗？
3. 说说太阳能热发电的原理。
4. 为何森林会自燃？它的原理是什么？

取之不尽的自然能源——太阳能

光电魔术师——硅系太阳能电池

太阳能的光电转换是指通过转换装置把太阳辐射能转换成电能。光电转换装置通常是利用半导体器件的光伏效应原理进行光电转换的，因此又称太阳能光伏技术。目前已经在很多领域有广泛的应用。

太阳能光伏发电的核心器件是太阳能电池。而太阳能电池已经经过了近200年的漫长的发展历史。从总的发展来看，基础研究和技术进步都起到了积极推进的作用，至今，太阳能电池的基本结构和机理没有发生改变。

太阳能电池是把太阳能转换为电能的装置。一般的太阳能电池是用半导体材料

◆太阳能可直接被人利用，但在阴天，它必须能被储存起来

制成的。最先制造成的太阳能电池是在硅单晶的小片上掺进一薄层硼，从而得到PN结。当日光照射到薄层上时，PN结两侧就形成电势差。因而从某种意义上讲一个太阳能电池就是一个光电二极管。

认识一下太阳能电池

太阳能电池是一种利用太阳光直接发电的光电半导体薄片，它只要一照到光，瞬间就可输出电压及电流。

太阳能电池分为晶体硅电池和薄膜电池。晶体硅太阳能电池包括单晶硅太阳能电池，多晶硅太阳能电池和非晶硅太阳能电池。

低碳与新能源

◆航天飞行器上用的就是太阳能电池

◆薄膜太阳能电池板

单晶硅太阳能电池因其电转换率高，制造工艺成熟，可靠性好而首先被用于卫星等航天器。单晶硅太阳能电池转换效率最高，技术也最为成熟。在实验室里最高的转换效率为24.7％，规模生产时的效率为15％。在大规模应用和工业生产中仍占据主导地位，但由于单晶硅价格高，大幅度降低其成本很困难，为了节省硅材料，发展了多晶硅薄膜和非晶硅薄膜作为单晶硅太阳能电池的替代产品。

多晶硅薄膜太阳能电池与单晶硅比较，成本低廉，而效率高于非晶硅薄膜电池，其实验室最高转换效率为18％，工业规模生产的转换效率为10％。因此，多晶硅薄膜电池不久将会在太阳能电池市场上占据主导地位。

其他类型太阳能电池又可分为薄膜太阳能电池和非薄膜太阳能电池。薄膜太阳能电池中，目前最有希望的是非晶硅太阳能电池，它对太阳光具有强烈的吸收能力，且只需1微米厚的非晶硅薄膜就足够了，这只相当于单晶硅太阳能电池所需硅片厚度的1/300。非薄膜太阳能电池中，较有前途的是砷化镓太阳能电池，它的光电转换率较高，而且能在较高温度下工作。太阳能电池是通过光电效应或者光化学效应直接把光能转换成电能的装置。

> 以光电效应工作的薄膜式太阳能电池为主流，而以光化学效应工作的太阳能电池则还处于萌芽阶段。

取之不尽的自然能源——太阳能

知识窗

单晶硅与多晶硅

多晶硅是单晶硅的一种形态。熔融的单晶硅在过冷条件下凝固时,硅原子以金刚石晶格形态排列成许多晶核,如这些晶核长成晶面取向不同的晶粒,则这些晶粒结合起来,就结晶成多晶硅。多晶硅可作拉制单晶硅的原料,多晶硅与单晶硅的差异主要表现在物理性质方面。

广角镜:彩色电池板——可全面接收阳光

耶路撒冷一家太阳能公司研发出一种彩色太阳能电池板,能够吸收太阳光光谱中不同颜色太阳光的光能,因此其在工作的时候可以不用正对太阳。

他们研制的彩色太阳能电池板能够在不集中吸收热量的情况下,吸收可见光以及紫外光。绿光公司还称,其研制的彩色太阳能电池板只需20%的硅材料,并且能够达到最高20%的转换率,是目前市场上供应的普通太阳能电池板转换效率的两倍。

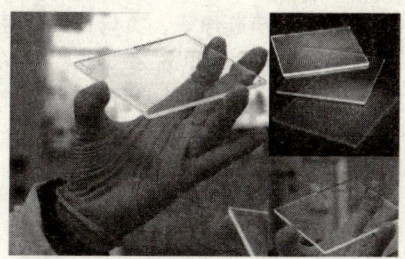
◆Green Sun公司生产的彩色太阳能电池板

链接:神奇的光电效应

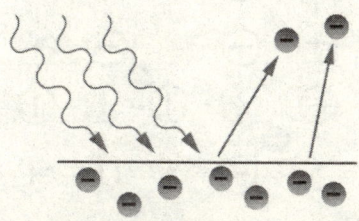

◆光电效应示意图

光电效应由德国物理学家赫兹于1887年发现。光照射到某些物质上,引起物质的电性质发生变化,也就是光能量转换成电能。这类光致电变的现象被人们统称为光电效应。光电效应分为光电子发射、光电导效应和光生伏特效应。前一种现象发生在物体表面,又称外光电效应。后两种现象发生在物体内部,称为内光

低碳与新能源

电效应。1905年，爱因斯坦26岁时提出光子假设，成功解释了光电效应，因此获得1921年诺贝尔物理学奖。

揭秘太阳能电池发电原理

◆正电荷表示硅原子，负电荷表示围绕在硅原子旁边的四个电子

◆P型半导体

制作太阳能电池主要是以半导体材料为基础，其工作原理是利用光电材料吸收光能后发生光电子转换反应。根据所用材料的不同，太阳能电池可分为：1.硅太阳能电池；2.以无机盐如砷化镓Ⅲ－Ⅴ化合物、硫化镉、铜铟硒等多元化合物为材料的电池；3.功能高分子材料制备的大阳能电池；4.纳米晶太阳能电池等。太阳能电池发电的原理主要是半导体的光电效应，一般的半导体主要结构如图所示。

在硅晶体中掺入其他的杂质，如硼、磷等。当掺入硼时，硅晶体中就会存在着一个空穴，它的形成可以参照图：正电荷表示硅原子，

负电荷表示围绕在硅原子旁边的四个电子。而浅灰色的表示掺入的硼原子，因为硼原子外层只有3个电子，所以就会产生如图所示的深灰色的空穴，这个空穴因为没有电子而变得很不稳定，容易吸收电子而中和，形成P型半导体。

同样，掺入磷原子以后，因

◆N型半导体

取之不尽的自然能源——太阳能

为磷原子外层有五个电子,所以就会有一个电子变得非常活跃,形成N型半导体。黄色的为磷原子核,红色的为多余的电子。

P型半导体中含有较多的空穴,而N型半导体中含有较多的电子,这样,当P型和N型半导体结合在一起时,就会在接触面形成电势差,这就是PN结。

当P型和N型半导体结合在一起时,在两种半导体的交界面区域里会形成一个特殊的薄层,界面的N型一侧带负电,P型一侧带正电。这是由于P型半导体多空穴,N型半导体多自由电子,出现了浓度差。N区的电子会扩散到P区,P区的空穴会扩散到N区,一旦扩散就形成了一个由N指向P的"内电场",从而阻止扩散进行。达到平衡后,就在这样一个特殊的薄层形成电势差,这就是PN结。

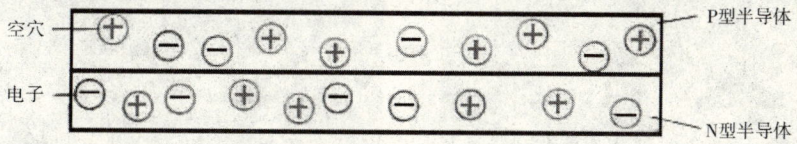

◆太阳能半导体晶片

当晶片受光后,PN结中,P型半导体的空穴往N型区移动,而N型区中的电子往P型区移动,从而形成从P型区到N型区的电流。然后在PN结中形成电势差,这就形成了电源。

由于半导体不是电的良导体,电子在通过PN结后如果在半导体中流动,电阻非常大,损耗也就非常大。但如果在上层全部涂上金属,阳光就不能通过,电流就不能产生,因此一般用金属网格覆盖PN结(如图所示的梳状电极),以增加入射光的面积。

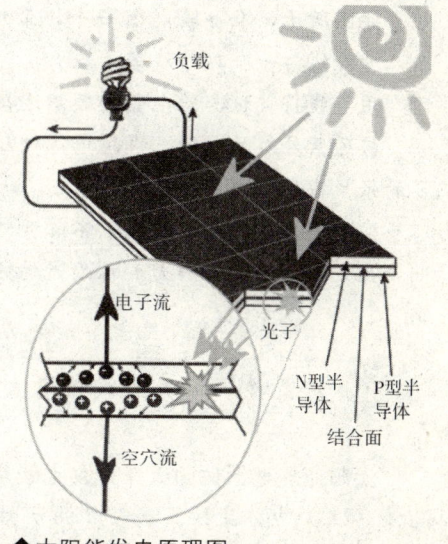

◆太阳能发电原理图

73

低碳与新能源

另外硅表面非常光亮，会反射掉大量的太阳光，不能被电池利用。为此，科学家们给它涂上了一层反射系数非常小的保护膜，将反射损失减小到5％甚至更小。一个电池所能提供的电流和电压毕竟有限，于是人们又将很多电池（通常是36个）并联或串联起来使用，形成太阳能光电板。

 实验——光电效应

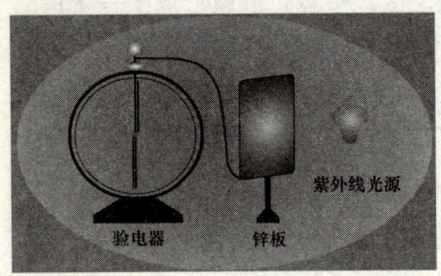
◆步骤一

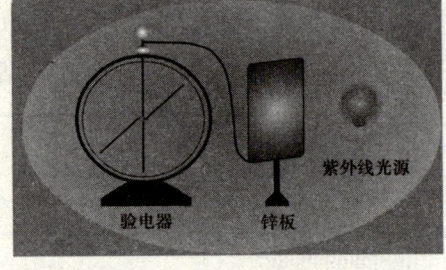
◆步骤二

按图所示，准备验电器一个，带绝缘支架的锌板一个，可调电压的电源一个，紫外线灯一个，导线若干。

用导线将锌板与验电器的顶端连接。

接通紫外灯的电源，调控电源电压，注意观察当灯的实际功率不同时，验电器的张角有什么现象出现。

实验中，我们可以看到，不管紫外灯的亮度如何，验电器的张角都一样。说明产生光电效应的条件是和入射光的频率有关，与入射光的强度无关。

 广角镜——并联式住宅太阳能发电系统

太阳能发电系统由太阳能发电模块构成。太阳能发电模块捕获太阳能并生成直流（DC）电。变换器（电力调节器）将直流电（DC）转换成交流电（AC），用以运行许多常用电器和设备。

①光电（太阳能电池）模块

取之不尽的自然能源——太阳能

光电模块将太阳能转换成电能
②变换器（电力调节器）
变换器将光电模块产生的直流电转换成交流电并自动控制整个系统。
③室内配电盘
配电盘向家用电器分配和输送适当的电能。
④电度表

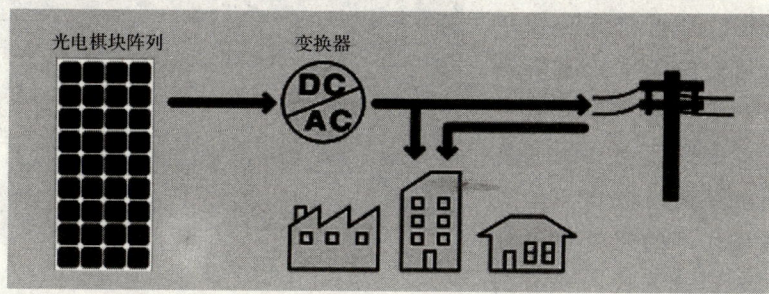

◆并联式太阳能发电系统

拓展思考

1. 太阳能电池分哪两种类型？
2. 单晶硅和多晶硅的区别是什么？
3. 太阳能电池是通过什么原理直接把光能转换成电能的？
4. 太阳能电池发电原理是什么？

低碳与新能源

人造树叶
——染料敏化太阳电能电池

作为一种"取之不尽、用之不竭"的洁净的天然能源，太阳能成为最有希望的能源之一。目前研究和应用最广泛的太阳能电池主要是硅系太阳能电池，但硅系电池原料成本高、生产工艺复杂、效率提高潜力有限，其光电转换效率的理论极限值为30%，因此其民用化受到技术性限制，急需开发低成本的太阳能电池。

◆染料电池和玻璃一样薄

染料敏化纳米晶太阳能电池

◆染料敏化太阳能电池和树叶很相似

20世纪90年代初，染料敏化纳米晶太阳能电池（DSSCs）初露峥嵘，其光电转换效率达7.1%～7.9%，开创了太阳能电池研究和发展的全新领域。随后格兰泽尔和同伴开发出了光电能量转换效率达10%～11%的DSSCs。目前，在标准条件下，染料敏化太阳能电池的能量转换

取之不尽的自然能源——太阳能

效率已达到 11.2%。染料敏化太阳能电池价格相对低廉，制作工艺简单，拥有潜在的高光电转换效率，所以极有可能取代传统硅系太阳能电池，成为未来太阳能电池的主导。

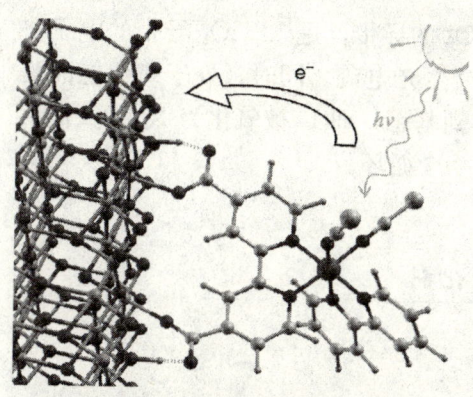

◆电子进入到二氧化钛的导带

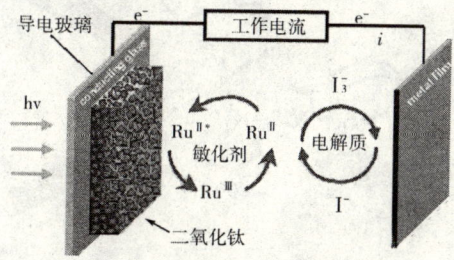

◆染料敏化太阳电池原理示意图

如果你知道树叶的结构，你会很好地理解 DSSCs。从结构上来看，DSSCs 就像人工制作的树叶，只是植物中的叶绿素被敏化剂所代替，而纳米多孔半导体膜结构则取代了树叶中的磷酸类酯膜。

染料敏化纳米晶太阳能电池，主要由制备在导电玻璃或透明导电聚酯片上的纳米晶半导体薄膜、敏化剂分子、电解质和对电极组成，其中镀有透明导电膜（掺 F 的 S_nO_2）的导电玻璃构成光阳极。

完全不同于传统硅系太阳能电池的装置，染料敏化太阳能电池的光吸收和电荷分离传输分别是由不同的物质完成的，光吸收是靠吸附在纳米半导体表面的染料来完成，半导体仅起电荷分离和传输载体的作用，它的载流子不是由半导体产生而是由染料产生的。

要说最具代表性的染料敏化太阳能电池，还得是格兰泽尔电池。从原理图上看，由于 TiO_2 不能被可见光激发，因而要在 TiO_2 表面吸附一层对可见光吸收特性良好的敏化剂。

在可见光作用下，敏化剂分子通过吸收光能跃迁到激发态，由于激发态的不稳定性，敏化剂分子与 TiO_2 表面发生相

> 如果简单地概括一下原理，DSSCs 就像是由阳光驱动的分子电子泵。靠阳光的照耀，源源不断地对外供电。

低碳与新能源

互作用，电子很快跃迁到较低能级 TiO_2 的导带，进入 TiO_2 导带的电子将最终进入导电膜，然后通过外回路，产生光电流。同时，处于氧化态的染料分子被电解质中的碘离子 I^- 还原回到基态，而 I^- 被氧化为 I_3^-，I_3^- 很快被从阴极进入的电子还原成 I^- 构成了一个循环。

链接：能量的传递者——敏化剂

敏化剂：敏化剂吸收太阳光产生光致分离，它的性能直接决定太阳能电池的光电性能。新的敏化剂使吸收长波的能力增加，并且具有很高的光学横断面和吸收近红外光的能力。按其结构中是否含有金属原子或离子，敏化剂分为有机和无机两大类。无机类敏化剂包括钌、锇类的金属多吡啶配合物、金属卟啉、金属酞菁和无机量子点等；有机敏化剂包括天然染料和合成染料。

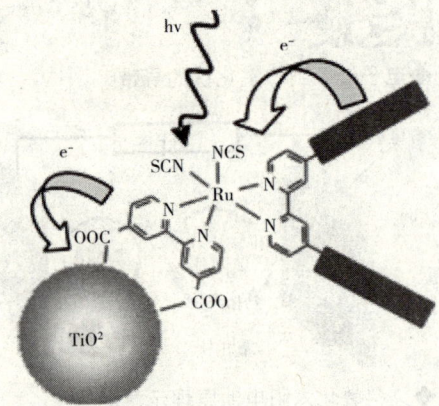

◆敏化剂起到关键作用

广角镜——长得像光纤的太阳能电池

◆乔治亚理工学院教授展示光纤电缆材料制成的太阳能电池

太阳能电池一定得是平板状的吗？美国乔治亚理工学院的研究人员日前开发了一种新技术，能将光纤变成细长状太阳能电池。

通过将染料敏化太阳能电池与光纤光缆的外壳结合，乔治亚理工学院的研究人员展示了一种纤细、软性的太阳能电池，且其效率据说可达采用同样材料的平板太阳能电池的六倍。

这种技术只会收集光纤尖端的太

阳光，然后光线会沿着光纤向下；而未来将研发的新版本则可能会使用外部透明的金属护套，好让光线从里面和（或）外面进来。研究人员也计划制造成束的子系统，包含数百条平行的光纤电缆。

追溯染料敏化电池历史

◆迈克尔·格拉特兹勒教授

染料敏化太阳能电池的研究历史可以追溯到19世纪早期的照相术。1837年，达盖尔制出了世界上第一张照片。1839年，塔尔博特将卤化银用于照片制作，但是由于卤化银的禁带宽度较大，无法响应长波可见光，所以相片质量并没有得到很大的提高。1883年，德国光电化学专家沃格尔发现有机染料能使卤化银乳状液对更长的波长敏感，这是对染料敏化效应的最早报导。使用有机染料分子可以扩展卤化银照相软片对可见光的响应范围到红光甚至红外波段，这使得"全色"宽谱黑白胶片乃至现在的彩色胶片成为可能。1887年，詹姆斯·莫泽将这种染料敏化效应用到卤化银电极上，从而将染料敏化的概念从照相术领域延伸到光电化学领域。1964年，日本人南波和铃木发现同一种染料对照相术和光电化学都很有效。这是染料敏化领域的重要事件，只是当时不能确定其机理，即不确定敏化到底是通过电子的转移还是通过能量的转移来实现的。

直到20世纪60年代，德国的特里布奇发现了染料吸附在半

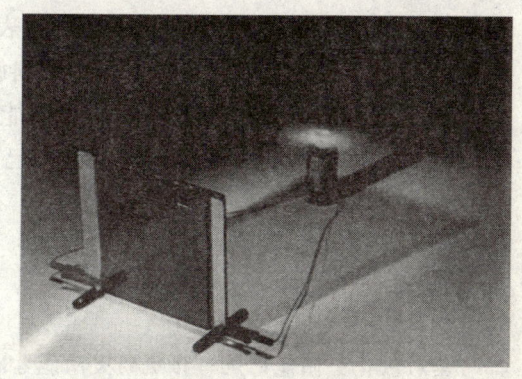

◆染料敏化太阳能电池带动小风扇工作

79

低碳与新能源

染料电池的突出优点是高效率、低成本、制备简单，因此有望成为传统硅基太阳能电池的有力竞争者。

◆塔尔博特将卤化银用于照片制作

导体上并在一定条件下产生电流的机理，才使人们认识到光照下电子从染料的基态跃迁到激发态后继而注入半导体的导带的光电子转移是造成上述现象的根本原因。这为光电化学电池的研究奠定了基础。常规电化学电池中，人们普遍采用的都是致密的半导体膜，只能在膜表面上吸附单层染料，而单层的染料只能吸收小于1%的太阳光，多层染料又阻碍了电子的传输，因而电化学电池的光电转换效率一直小于1%，这也是几十年来电化学太阳能电池没有得到发展的主要原因。直到最近的几项突破性研究才使染料敏化光电池的光电能量转换率有了很大提高。1988年以瑞士洛桑高等工业学院化学家迈克尔·格拉特兹勒教授为首的小组用基于Ru的染料敏化粗糙因子为200的多晶二氧化钛薄膜，用Br_2/Br^-氧化还原电对制备了太阳能电池，在单色光下取得了12%的转换效率，这在当时是最好的结果了。直到1991年，格拉特兹勒在奥里根的启发下，应用了奥里根制备的表面积很大的纳米TiO_2颗粒，使电池的效率一举达到7.9%，取得了染料敏化太阳能电池领域的重大突破。应当说，纳米技术促进了染料敏化太阳能电池的发展。通过近二十年的研究与优化，染料敏化太阳能电池的效率已经超过了11%。

广角镜——广阔的应用前景

染料敏化太阳能电池与传统的太阳能电池相比有以下一些优势：第一、生产工艺简单，易于大规模工业化生产；第二、制备电池耗能较少，能源回收周期

取之不尽的自然能源——太阳能

短；第三、生产过程中无毒无污染；第四、生产成本较低，电池中的导电玻璃可以再回收，预计每瓦的电池的成本在10元以内。

染料敏化太阳能电池在试验和理论的研究上取得了很大的进展，如果能够近期内解决电池密封的问题，并且使光电转换的效率有所提高，那么凭借它自身的低成本、工艺简单和对环境友好等特有的优点，将会取代现有的以硅为主的太阳能电池的市场。我们有理由相信在不久的将来，这种新型的太阳能电池将会从实验室逐步走进我们的生活中，在我们的日常生活和工作中扮演重要的角色。

◆索尼在日本展示了目前世界上最先进的敏化染料太阳能电池灯罩，它可以吸收太阳光并转换成电能使用

拓展思考

1. 什么是染料敏化太阳能电池？它的原理是什么？
2. 你能说说什么是敏化剂吗？它的作用是什么？
3. 太阳能电池一定得是平板状的吗？
4. 染料敏化太阳能电池与传统的太阳能电池相比有哪些优势？它的特点是什么？

低碳与新能源

技术进步现奇迹
——太阳能光电应用

太阳能的利用给人类提供了诱人的前景，但太阳能利用的发展历程与煤、石油、核能完全不同，人们对其认识差别大，反复多，发展时间长。这一方面说明太阳能开发难度大，短时间内很难实现大规模利用；另一方面也说明太阳能利用还受矿物能源供应、政治和战争等因素的影响，发展道路比较曲折。尽管如此，从总体来看，21世纪取得的太阳能科技进步仍比以往任何一个世纪都大。

遥望太阳——光伏电站

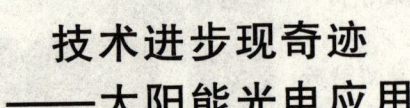

通过太阳能电池方阵将太阳辐射能转换为电能的发电站称为太阳能光伏电站。太阳能光伏电站按照运行方式可分为独立太阳能光伏电站和并网太阳能光伏电站。

未与公共电网相联接独立供电的太阳能光伏电站称为离网光伏电站。主要应用于远离公共电网的无电地区和一些特殊场所，如为边远偏僻农村、牧区、海岛、高原、沙漠的农牧渔民提供照明、看电视、听广播等基本的生活用电，为通信中继站、沿海与内河航标、输油输气管道阴极保

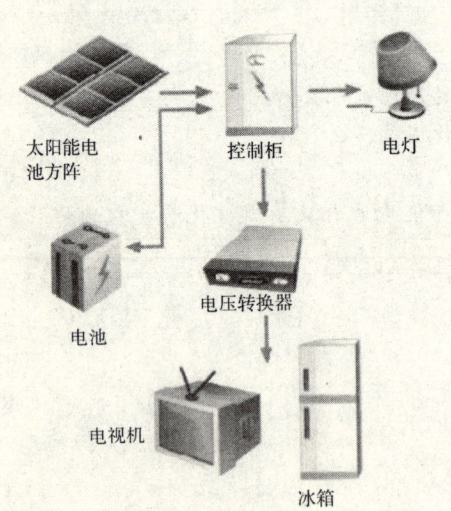

◆离网光伏电站

护、气象电站、公路道班以及边防哨所等特殊处所提供电源。独立系统由太阳能电池方阵、系统控制器、蓄电池组、直流/交流逆变器等组成。

取之不尽的自然能源——太阳能

与公共电网相联接且共同承担供电任务的太阳能光伏电站称为并网光伏电站。它是太阳能光伏发电进入大规模商业化发电阶段、成为电力工业组成部分的重要发展方向，是当今世界太阳能光伏发电技术发展的主流趋势。并网系统由太阳能电池方阵、系统控制器、并网逆变器等组成。

据预测，太阳能光伏发电在21世纪会占据世界能源消费的重要席位，不但要替代部分常规能源，而且将成为世界能源供应的主体。到21世纪末，可再生能源在能源结构中将占到80%以上，太阳能发电将占到60%以上。这些数字足以显示出太阳能光伏产业的发展前景及其在能源领域重要的战略地位。

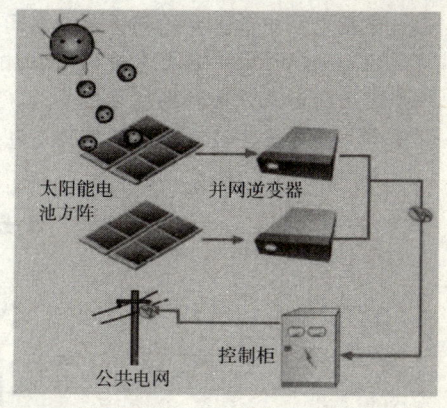
◆并网光伏电站

预计到2030年，太阳能光伏发电在世界总电力供应中的占比将达到10%以上。

广角镜——全球最大的太阳能电站

全球最大的太阳能电站已在西班牙的安达卢西亚沙漠中投入运行。这座塔式太阳能电站的功率达20兆瓦，可保障超过11000户家庭的日常用电。塔式太阳能电站以所谓的集中太阳能发电技术为基础，利用镜面将阳光反射至中央塔，使塔内水温达到1000℃以上。集中太阳能发电技术一向以其简便、廉价和高效的优点而著称，相比于光伏电板技术，

◆全球最大的太阳能发电站

它能够更有效地利用太阳能。不过，CSP技术只适用于天气晴朗、光照丰富的地区。

低碳与新能源

这座电站中最主要的部件是一座高度接近170米的太阳能塔。有超过1200面特制的反光镜（每一面反光镜的面积相当于半个排球场）会将阳光反射到这座太阳能塔上，由此产生的高温可达1000℃，足以将其中的液态水加热成蒸汽。而这些蒸汽又会驱动安放在塔内的涡轮发电机，从而产生出源源不断的电流。

上"日班"的路灯

太阳能电池组件部分包括：支架、灯头、控制箱（内有控制器、蓄电池）和灯杆几部分构成。灯头部分以LED集成于印刷电路板上排列为一定间距的点阵作为平面发光源。

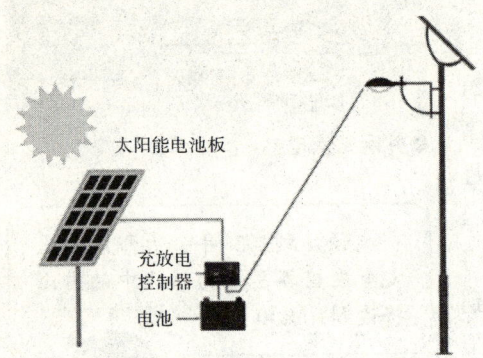

◆太阳能路灯工作原理图

太阳能路灯以太阳光为能源，白天充电晚上使用，无需复杂昂贵的管线铺设，可任意调整灯具的布局，安全节能无污染，无需人工操作，工作稳定可靠，节省电费免维护。系统工作原理：利用光生伏特效应原理制成的太阳能电池，白天太阳能电池板接收太阳辐射能并转化为电能输出，经过充放电控制器储存在蓄电池中，夜晚当照度逐渐降低至一定程度时，充放电控制器启动蓄电池对灯头放电。蓄电池放电8.5小时后，充放电控制器动作，蓄电池放电结束。充放电控制器的主要作用是保护蓄电池。

与传统灯具相比，太阳能路灯不需要架设电线电缆，防盗技术成熟。运行费用也低于普通灯具。据统计，6米高的太阳能路灯年均费用要比传统路灯便宜3200元左右，9米高太阳能路灯年均费用要比传统路灯便宜2500元左右。太阳能路灯

◆太阳能路灯白天休息，晚上工作

取之不尽的自然能源——太阳能

有诸多优势，但目前实际推广中进展并不顺利。由于传统观念的影响，太阳能路灯目前没有得到大多数人的认同。一些业内人士表示，太阳能路灯存在一次性投入偏高的问题，每盏路灯需要投入上万元，比普通路灯多出数倍。同时，太阳能路灯的照度范围为6至7米，超过范围就会昏暗不清，不适合主干道、隧道等。

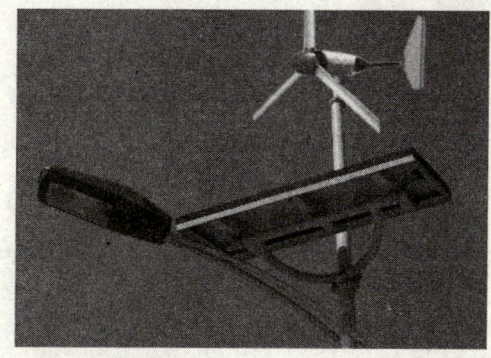

◆风光互补路灯

 链接：形形色色的蓄电池

蓄电池是电池中的一种，它的作用是能把有限的电能储存起来，在合适的地方使用。它的工作原理就是把化学能转换为电能。太阳能蓄电池是蓄电池在太阳能光伏发电中的应用，目前采用的有铅酸免维护蓄电池、普通铅酸蓄电池，胶体蓄电池和碱性镍镉蓄电池四种。国内目前被广泛使用的太阳能蓄电池主要是：铅酸免维护蓄电池和胶体蓄电池，这两类蓄电池因为其固有的"免"维护特性及对环境较少污染的特点，很适合用于性能可靠的太阳能电源系统，特别是无人值守的工作站。

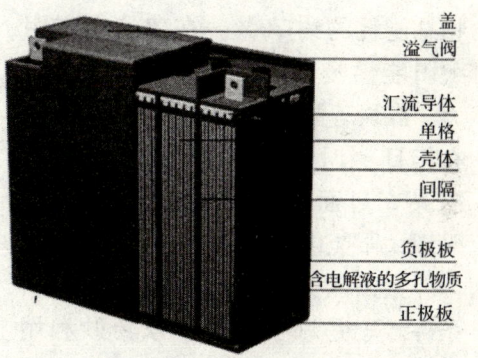

◆免维护铅蓄电池

盖
溢气阀
汇流导体
单格
壳体
间隔
负极板
含电解液的多孔物质
正极板

 小贴士：航海指明灯——太阳能航标灯

位于浙江省杭州市的千岛湖航区开始启用第五代航标灯——太阳能航标灯。其最大的特点是采用太阳能转换供电，避免造成环境污染，而且基本不需要

低碳与新能源

◆太阳能航标灯

维护。

传统的航标灯先后采用干电池、锌空电池、碱性电瓶作为航标电源,含化学成分,不利于维护和回收。第五代航标灯使用的是清洁能源,安全又环保。其发光二极管光源即LED光源,耗电量低,性能稳定。这批集太阳能板、电池、LED光源于一体的免维护航标灯,将更好地服务于千岛湖的旅游水运事业。

取暖发电的太阳能建筑物

建筑物空气温度调节消耗着大量的能量。在我国,它要占到建筑物总能耗的约70%。在建筑中应用太阳能供暖、制冷,可节省大量电力、煤炭等能源,而且不污染环境。在年日照时间长、空气洁净度高、阳光充足而缺乏其他能源的地区,采用太阳能供暖、制冷,尤为有利。

太阳能为保护环境创造了有利条件,于是许多建筑学家巧妙利用太阳能建造太阳能建筑。简单地讲就是将太阳能光伏发电方阵安装在建筑的围护结构外表面来提供电力。

美国建筑专家发明太阳能墙,是在建筑物的墙体外侧装一层薄薄的黑色打孔铝板,能吸收照射到墙体上的80%的太阳能量。被吸入铝板的空气经预热后,通过墙体内的

◆太阳能玻璃

◆太阳能屋顶

取之不尽的自然能源——太阳能

泵抽到建筑物内,从而就能节约中央空调的能耗。

太阳能窗:德国科学家发明了两种采用光热调节的玻璃窗。一种是太阳能温度调节系统,白天采集建筑物窗玻璃表面的暖气,然后把这种太阳能传递到墙和地板的空间存储,到了晚上再放出来;另一种是自动调整进入房间的阳光量,如同变色太阳镜一样,根据房间设定的温度,窗玻璃或是变成透明或是变成不透明。

◆太阳能墙

用空调机和燃煤来控制室温不仅带来外界的环境污染,而且并不能给室内人员带来健康的环境。

太阳能房屋:德国建筑师建造了一座能在基座上转动跟踪阳光的太阳能房屋。该房屋安装在一个圆盘底座上,由一个小型太阳能电动机带动一组齿轮,使房屋底座在环形轨道上以每分钟转动3厘米的速度随太阳旋转。这个跟踪太阳的系统所消耗的电力仅为该房太阳能发电功率的1%,而该房太阳能发电量相当于一般不能转动的太阳能房屋的两倍。

广角镜:全球最大太阳能办公大楼

◆"日月坛微排大厦"

全球最大太阳能办公大楼在山东德州。这座名为"日月坛微排大厦"的太阳能大厦,总建筑面积达到7.5万平方米,采用全球首创太阳能热水供应、采暖、制冷、光伏发电等与建筑结合技术,是目前世界上最大的集太阳能光热、光伏、建筑节能于一体的高层公共建筑。

屋面、外墙采用了远远高于国家现

低碳与新能源

行标准厚度的聚苯保温板，整体传热系数大大降低，比节能标准低30%左右；尤其是门窗、天窗和幕墙，采用了温屏节能玻璃和BIPV温屏光伏组件，隔热、隔音、防结霜露……使人仿佛置身于21世纪的"阿波罗神殿"，体验未来能源生活，感受使用可再生能源"微排"（温室气体）的美妙。整体突破了普通建筑常规能源消耗巨大的瓶颈，综合应用了多项太阳能新技术，如吊顶辐射采暖制冷、光伏发电、光电遮阳、游泳池节水、雨水收集、中水处理系统、滞水层跨季节蓄能等技术，使多项节能技术发挥应用到极致。

拓展思考

1. 什么是太阳能光伏电站？它有什么作用？
2. 全球最大的太阳能电站在哪里？它的最大功率有多少？
3. 你见过利用太阳能发电的装置吗？在现代道路的两旁留意一下看看有没有太阳能红绿灯、太阳能路灯或太阳能电子提示器？
4. 全球最大太阳能办公大楼在哪里？

取之不尽的自然能源——太阳能

太空的遐想
——太空发电站计划

随着全球变暖和能源短缺问题日益紧迫，向太空要能源愈发迫切。美国五角大楼在 2007 年 10 月的报告中就明确指出，和"向下钻取能源"一样，"向上钻取能源"的工作必须立即着手开始。所谓宇宙太阳能发电站是指在宇宙空间进行大规模的太阳能发电，然后通过无线电波将电力输送到地面。一旦建成，就成为一种"取之不尽"的洁净能源。

24 小时工作的太空发电站

◆太阳能发电只能"一班作业"

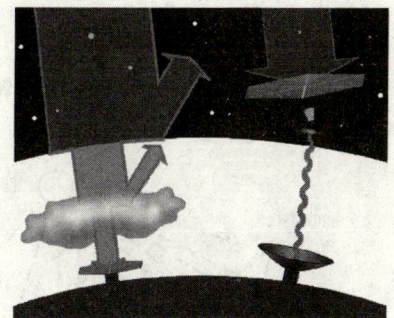

◆在宇宙空间，太阳光的辐射能量十分稳定

在地面，太阳能发电只能"一班作业"，因为一天中只有白天阳光普照，遇到阴雨天连"一班作业"也实现不了。就是这"一班作业"也只是利用太阳光中很小的一部分能量。

1996 年，美国利特尔咨询公司太空业务主管格拉泽提出了在太空建立太阳能发电站的计划。什么是空间太阳能发电站？它是指在空间将太阳能转换为电能，再通过无线方式传输到地面的电力系统。相对于目前已在空

89

低碳与新能源

间应用的卫星和空间站等太阳能电源系统，其规模和能力要大得多。

在宇宙空间，太阳光线不会被大气减弱，太阳光的辐射能量十分稳定。因而在静止轨道上建设的太阳能电站，一年有99%的时间是白天，其利用效率比在地面上要高出6～15倍。再有太空太阳能电站的

> 太空发电站潜在的价值对于正面临能源短缺、生态和环境恶化的地球人类来说，具有重大的战略意义。

发电系统相对来说比地面简单，而且在无重量、高真空的宇宙环境中，对设备构件的强度要求也不太高。从理论上说，在阳光充足的地球轨道上，太阳光在每平方米的面积上具有1336瓦的功率，如果在36000千米高的地球静止轨道上，"架设"一条宽度为1000米的太阳能电池阵环带，假定其转换效率达100%，那么它在一年中接收到的太阳能，几乎等于目前地球上已知可开采石油储量所蕴含的能量总和，而且这种太阳能取之不尽，用之不竭，既清洁又环保。

 小知识——空间太阳能发电站结构

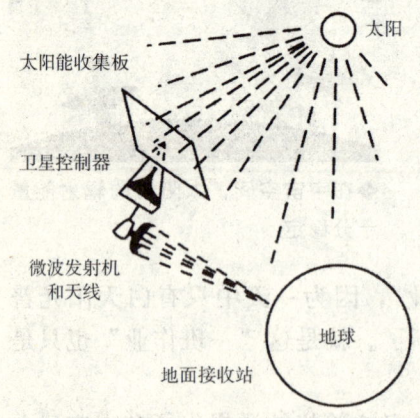

◆太空太阳能电站设想图

空间太阳能发电站主要包括三大部分：太阳能发电装置、能量的转换和发射装置及地面接收和转换装置。太阳能发电装置能将太阳能转换成为电能；能量转换装置将电能转换成微波或激光等形式（也可以直接将太阳能转换为激光），并利用天线向地面发送能束；地面接收系统接收空间发射来的能束，再通过转换装置将其转换成为电能。整个过程经历了太阳能—电能—微波（激光）—电能的能量转换过程。显然，空间太阳能发电站的建造和运行过程，还必须包括大型运载系统和复杂的后勤保障系统。

取之不尽的自然能源——太阳能

日本 SPS2000 计划

日本资源缺乏，对进口石油依赖性极高，这也促使该国一直在太阳能和可再生能源领域处于领先地位。另外，日本还制定了一项十分严格的温室气体减排目标。日本从1987年就开始研究空间太阳能发电，并于1990年成立了"SPS2000"空间太阳能系统实用化研究小组，其目标是在2000年，在围绕地球轨道上组建输出10000千瓦的太阳能发电卫星。卫星是一个正三棱柱体，边长336米，柱长303米，总重2401吨，采用分部件发射，然后由机器人和自动组装机进行组装，建成后也由机器人维护保养。

◆图为设想中的太空太阳能发电站

由于多种原因，这一计划未能最终实现，但研制工作并没有中断过。并计划从2010年起开始

◆向地面传输能量

发射空间太阳能电站的部件，直至2040年，预计将建成100万千瓦和500万千瓦的空间太阳能发电站，并通过微波，经1千米长的天线将微波能发射回地球。预计空间太阳能发电站的发电成本为每千瓦小时23日元。

太阳能电池在太空中收集的能量是其在地面收集的5倍以上。收集的太阳能将通过激光或微波传输到地球，随后靠一种建造在海上或水库上的巨型碗碟状天线接收。

但太空太阳能发电站存在许多挑战，例如能量的传输。日本提出了分布式系绳卫星的方案。按这个方案，电站组装和维护十分方便，但重量仍

低碳与新能源

偏大。

研发者希望借此建立一个供电系统。根据目前的使用量计算，这足以给东京30万个家庭供电。该系统相当于一个中型核电站，但发电成本仅为一般发电厂的1/6。建立太空太阳能发电站的最终目的，就是寻找一种比其他可替代能源更为廉价的能源。

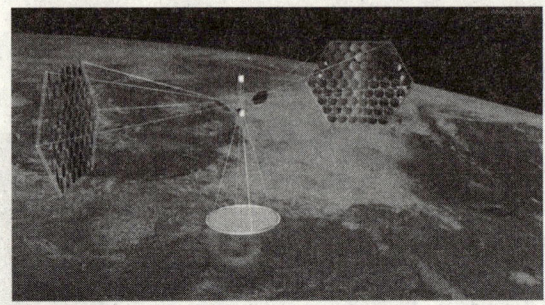

◆地面上有能量接收装置

链接：令人期待的无线充电技术

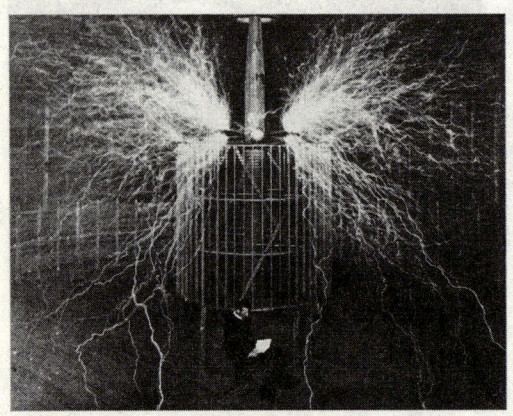

◆特斯拉进行无线电力传输实验

"无线充电"顾名思义就是利用一种特殊设备将电源插座的电力转变为可充电的电波，而在扔掉电线的情况下直接对电子设备充电。早在1890年，物理学家尼古拉·特斯拉就已经做了无线输电试验。特斯拉构想的无线输电方法，是把地球作为内导体、地球电离层作为外导体，通过放大发射机以径向电磁波振荡模式，在地球与电离层之间建立起大约8赫兹的低频共振，再利用环绕地球的表面电磁波来传输能量。但因财力不足，特斯拉的大胆构想并没有得到实现。后人虽然从理论上完全证实了这种方案的可行性，但世界还没有实现大同，想要在世界范围内进行能量广播和免费获取也是不可能的。因此，一个伟大的科学设想就这样胎死腹中。

取之不尽的自然能源——太阳能

太空发电的拦路虎

在太空建造空间太阳能电站的前景已然明朗，但有一系列的技术问题仍需科学家们解决。空间太阳能发电站是一项耗资巨大、高风险、高回报的战略性航天工程。按照现有的航天技术水平与能力，要将它变成现实，至少还需攻克三大难题：

一是如何把庞大的空间电站发射到太空。估计若需获得50亿瓦电力，发电站总质量将达4000多吨。只能采用"化整为零，集零成整"的办法。发射一枚大推力运载火箭需要大约1亿美元，

◆靠火箭把太空电站的设备送到太空，需要发射许多次才能运完

而建成一座空间太阳能电站的费用则高达200亿美元以上，所以在短时间内要建成这样的电站是不可能的。即使成本降到可以接受的范围内，还要考虑怎样使空间太阳能电站免遭小型流星以及其他空间飘浮物的撞击，以防可能造成的损坏。

二是如何把微波能量传回地球。现有几种方案。一种是将电能通过微波由一架小飞机运回地球，这是日本等国的打算。另一种是准备在同步轨道上装一面直径为1千米的镜子，将呈微波状态的电能反射传输到所需的地方，这是法国人的设想。

> 日本科学家相信微波电力传送其电波比手机电波还要微弱，对人体没有危害，无须担心安全问题。

三是壮观的接收天线。为保证电站的持续运转，这个巨大的天线必须安装在万向装置上，使它能自由旋转而不受阵列中其他

93

低碳与新能源

◆接收天线比射电望远镜阵列要壮观得多

设备的影响。地面接收天线则更为壮观，占地超过 100 平方千米，相当于一座小城镇。如果这个梦想得以实现，它将成为最宏伟的太空奇迹，届时，国际空间站在它面前也不过就像摩天大楼前的一间板房。

另外，如何保证地面安全及保护地球环境也是极其重要的问题。人们担心，万一强大的微波技术失控，会不会对人类的健康造成影响？会不会干扰地球的通信联系？科学家们认为只要通过地面信号控制微波发射装置，使它始终对准地面接收站，并将微波泄漏量控制在国际安全标准之内，就不会影响人类的健康和自然界的生态平衡。同时，美国科学家还将设计失效保险装置，万一微波能量失控，可让其在太空中立即自行消散。

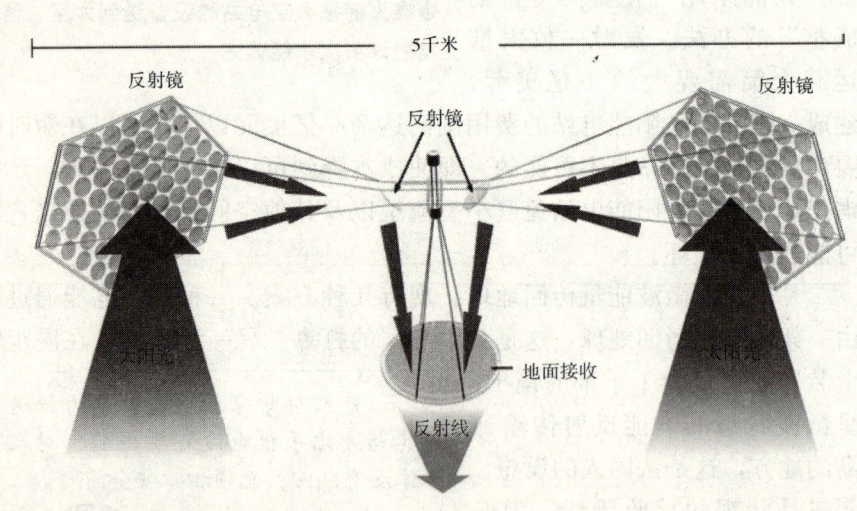

◆通过反射镜把能量传回地面

取之不尽的自然能源——太阳能

拓 展 思 考

1. 什么是太空发电站？有什么特点？
2. 你能说出空间太阳能发电站主要包括哪三大部分？
3. 日本的"SPS2000"计划是指什么？
4. 太空发电有哪三大难题？

 *低碳与新能源*

低碳出行
——太阳能交通工具

◆太阳能汽车

太阳能作为一种清洁和可持续使用的能源,人们已经不断地对其可能实现的应用进行挖掘。如今,向房屋、办公室和工厂厂房提供能源的太阳能板已经不是什么新鲜玩意了。在近几年,已经涌现出了一系列太阳能应用新概念。现在,这些新概念正在成形,出现了利用太阳能的船、飞机甚至汽车。这些都足以证明,我们对于使用太阳的能量颇为异想天开的想法,却在可持续性发展的未来有着举足轻重的作用。

绿色公交——太阳能汽车

将太阳光变成电能,是利用太阳能的一条重要途径。人们早在20世纪50年代就制成了第一个光电池。将光电池装在汽车上,用它将太阳光不断地变成电能,使汽车开动起来。这种汽车就是新兴起的太阳能汽车。1979年建造出第一辆太阳能汽车,它的体积只能容纳一个人,而随着时间的推移,许许多多的创新让太阳能汽车得到不断地改进。明尼苏达大学的太阳

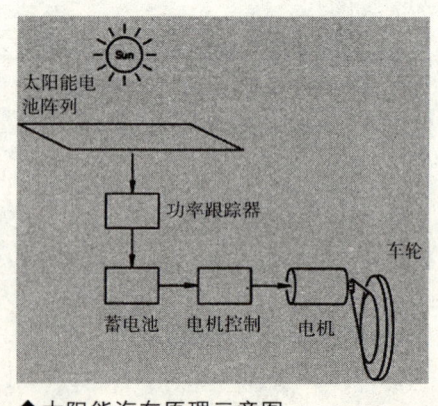

◆太阳能汽车原理示意图

取之不尽的自然能源——太阳能

能汽车小组的清洁绿色 Centaurus 车在德克萨斯州的太阳能方程式锦标赛中获得了冠军。太阳能汽车在阳光下的时速可以达到128千米/小时，每次可充1500瓦电量。

◆太阳能赛车

通常，硅太阳能电池能把10%～15%的太阳能转变成电能。它既使用方便，经久耐用，又很干净，不污染环境，是比较理想的一种电源。只是光电转换的比率小了一些。美国已研制成光电转换率达35%的高性能太阳能电池。澳大利亚用激光技术制成的太阳能电池，其光电转换率达24.2%，而且成本与柴油发电相当。这些都为光电池在汽车上的应用开辟了广阔的前景。

◆创意十足的太阳能汽车

中国台湾引入一种看上去像高尔夫车一样的汽车，每辆车的价钱只有2400多美元。在太阳光下照射几个小时，可以驾驶这辆小怪物跑上三个小时，时速可达到70千米。对于大众来说，这种太阳能汽车并不算太糟糕，希望未来除了保持安全性能好之外，有越来越多款式更好的太阳能汽车出现。

太阳能汽车不仅节省能源，消除了燃料废气的污染，而且即使在高速行驶时噪音也很小。

低碳与新能源

广角镜——最小的太阳能汽车

说到太阳能汽车，相信大多数朋友们都会想到那些笨重的大体积车型。而若是问你世界上最小的太阳能汽车的话，在你的脑海中又会浮现出怎么样的画面？

它真的很小，绝对是名符其实"全球最小"的太阳能汽车，但可惜的是它小到没有人能坐进去。虽然有兴趣的朋友只能望之兴叹，但它仍具备一台太阳能汽车该有的配备：四个轮子、太阳能板。更重要的是，这台小巧可爱的汽

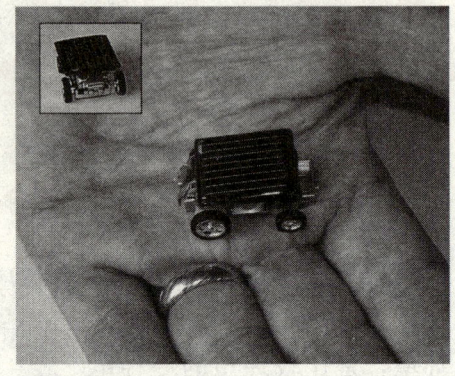

◆最小的太阳能汽车

车，绝对逃不出你的手掌心！更精确地说，这个全世界最小的太阳能汽车大小只有3.3×2.2×1.4（厘米）！车顶上那个比一块巧克力大不了多少的太阳能板，能产生足够的能源驱动四个车轮。如同大部分附有太阳能片的计算器一样，由于这台汽车实在太小巧了，室内强大的光源也能帮助它顺利运转上路。

太阳能飞行器

◆无人驾驶的太阳能飞行器

飞行自古以来都是人类的梦想，而飞行器就是实现人类梦想的翅膀。几乎所有的飞行器都需要动力驱动才能自由自在地任意翱翔，而其中使用太阳能动力的飞行器又最具科幻意味，吸引着人们不断地投入其中。不过实事求是地说，太阳能动力技术还处于非常初级的阶段，真正实现商业应用还有挺长的路要走。

太阳能飞行器是指以阳光、太阳能以及太阳可能存在的其他能量作动

取之不尽的自然能源——太阳能

力和任务设备能源的飞行器。以太阳能作为未来航空航天器的辅助能源乃至主能源,是人类具有方向性和前沿性的重要研究目标。

2009年6月26日,瑞士探险家伯特兰·皮卡特在瑞士的苏黎世机场,向人们展示了依靠太阳能作为全部动力的飞机。这架飞机看上去纤巧、修长,机翼和尾翼上都蒙覆了一层薄膜一般的太阳能电池板。这些电池板将把阳光转化为电能,不仅能让飞机在白天持续飞行,在夜间,被蓄电池储存下来的能量也能支持飞机继续它的行程。

这就是世界上第一架太阳能飞机。皮卡特将它命名为"阳光动力号"飞机。试驾之后,皮卡特驾驶这架太阳能飞机启程,从大西洋到全世界,重写代达罗斯向着太阳飞行的经历。

◆阳光动力号飞机

◆瑞士探险家伯特兰·皮卡特。1999年,他成功完成了首次不间断的热气球全球飞行

20世纪中期以来,太阳能飞行器研究已经成为世界航空航天业重点发展的新兴领域。太阳能飞行器能在低密度空气环境中飞行,理论上飞得越高则采光集能效益越好,因此,相对于常规飞行器来说,太阳能飞行器在航时与航高方面具有明显优势,这种优势使太阳能飞行器有可能用来替代低轨道卫星的部分功能,造福人类。目前世界上还没有实用的太阳能飞行器,

人们需要向地球以外的空间寻求持久能源和洁净能源,以缓解越来越严重的能源困境和保护地球环境。

低碳与新能源

各国相关的科学研究正在持续进行中。

 广角镜：新型 UFO 太阳能飞行器

◆新型 Z 字形飞行器，可最大程度吸收太阳能

◆当在夜晚太阳光极少时，该飞行器保持直线形状可节约保存太阳能

美国研制的这种奇特飞行物看上去非常像 UFO，但实际上它是能够在空中持续飞行 5 年以上的新型"奥德修斯"太阳能飞行器。该飞行器呈"Z"字形状，结构跨度为 150 米，因此该结构可适应尽可能多的太阳光吸收。当飞行器处于黑暗状态时，它通过启动飞行器电动机将太阳能存储在随机电池组中，并基于空气动力学效能以直线形式飞行在空中。

这种飞行器可在 1.8 万～2.7 万米的高空飞行，因此可用于监视、通信以及诸如气候改变研究的环境监控。目前，已公布了这款 Z 字形奇特飞行器，他们将于未来建造一半体积大小和全比例大小的飞行器。

太空探索新能源工具

在太空技术中为了让航天器持续工作，必须使它有足够的电量。太阳能电池帆能够解决这一难题。太阳能电池帆板上贴有半导体硅片，就是靠它们将太阳的光能转换成电能的。如下页图所示，像翅膀一样的东西是安装在返回舱后面的轨道舱上的太阳能电池帆板，是给飞船供电用的，是整艘飞船的供电系统，它能将太阳的光能转换成电能。

取之不尽的自然能源——太阳能

月球上的环境与地球上的环境是完全不同的。地球上使用的普通车辆到了月球就"英雄无用武之地"了。月球上没有空气，月球车不能使用汽油发动机，只能采用由太阳能电池和蓄电池联合供电。目前，主要有两种类型的光电板：硅和砷化物。在这里有几个不同的等级并且有不同的效能。环绕地球的卫星是典型的使用砷化合物，而硅则更为普遍地为地球（陆地）基础设备所用。

◆月球车也是使用太阳能电池

◆图中"翅膀"部分为国际空间站的太阳能帆板

 小贴士——太阳帆飞船

◆太阳帆飞船

太阳帆技术为人类提供了另一种选择，并被科学家认为是人类太空船进行星际旅行的最大希望，因为它无须火箭燃料，只要有阳光存在的地方，它都会不断获得动力加速飞行。

光是由细小的被称为光子的能量团组成的，太阳帆的工作原理，就是将照射过来的太阳光反射回去，由于力的作用是相互的，太阳帆将光子"推"回去

低碳与新能源

的同时,光子也会对太阳帆产生反作用力。就是靠这种反作用力,飞船便被"推"着前进。

拓展思考

1. 第一辆太阳能汽车是什么时候建造的?
2. 最小的太阳能汽车到底有多小?
3. 想一想太阳能飞行器有什么特点?它的优点是什么?
4. 人造卫星大多使用的是什么能源?

后石油时代的可替代能源

——核能

  核能是20世纪人类的一项伟大发现,并已取得了十分重要的成果。1942年12月2日,著名科学家费米领导几十位科学家,在美国芝加哥大学成功启动了世界上第一座核反应堆,标志着人类从此进入了核能时代。在这以前人类利用的能源,只涉及到物理变化和化学变化,当核能进入人们的生产和生活后,一种通过原子核变化而产生的新能源从此诞生。如果说20世纪核能的出现和发展是核能的第一个春天,那么现在核能正处于向第二个春天过渡的蓄势待发时期。让我们努力迎接核能新的春天的到来。

后石油时代的可替代能源——核能

揭开原子能面纱——核能开发之旅

核能是人类最具希望的未来能源。目前人们开发核能的途径有两条：一是重元素的裂变，如铀的裂变；二是轻元素的聚变，如氘、氚、锂等。重元素的裂变技术，已得到实际性的应用；而轻元素聚变技术，也正在积极研制之中。不论是重元素铀，还是轻元素氘、氚，在海洋中都有相当巨大的储藏量。

铀裂变的重大发现

◆物理学家费米

放射性现象的发现，把人们对于原子的认识引向深入，原子核的秘密逐渐被揭开了。在用中子轰击各种元素的原子核时，人们不但发现用中子能实现许多核反应，创造出多种放射性元素（称同位素），同时还发现：中子竟是一把打开原子能宝库的钥匙。

年轻的意大利物理学家费米也着手制取放射性同位素。他的实验有个特点：他是用中子而不是像约里奥·居里那样用α粒子去轰击各种元素。费米因发现用中子产生新的放射性元素和开展慢中子核反应的研究工作，

低碳与新能源

◆哈恩和梅特纳在做实验

获得了1938年的诺贝尔物理学奖。

按照当时的一般看法，铀经中子轰击后形成的新放射性同位素，与铀的原子序数不应相差很大。但根据已有的资料来看，从86号到92号元素，没有一个同位素的半衰期与该物质符合。于是费米就假定，他所发现的β放射性，是铀俘获一个中子后经β衰变所形成的93号元素（或原子序数更高的元素）放射出来的。也就是说，他认为自己发现了所谓"超铀元素"。

知识窗

链式核裂变

原子的原子核在吸收一个中子以后会分裂成两个或多个质量较小的原子核，同时放出两个到三个中子和很大的能量，又能使别的原子核接着发生核裂变……使过程持续进行下去，这种过程称作链式反应。

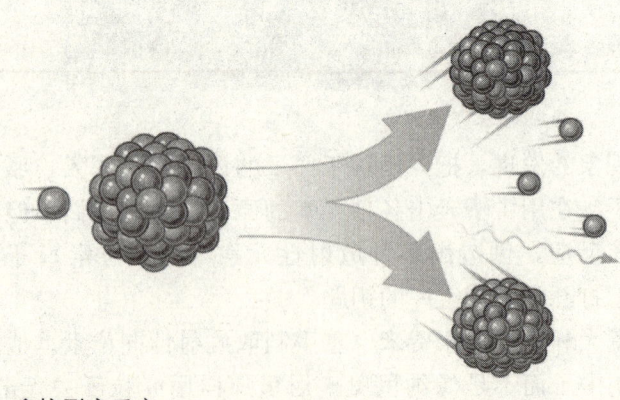

◆核裂变反应

后石油时代的可替代能源——核能

费米的这一发现在科学界引起了广泛的注意。有一些科学工作者对费米的结论表示怀疑,认为对他的实验结果也可作别种解释。

 原理介绍

质量亏损

如果把1个单位质量的中子和1个单位质量的质子放在一起,形成的原子核的质量并不等于2个单位质量。科学测量一再证实,任何一个原子核的质量总是小于组成这个核的质子和中子的单独质量之和。科学家把少掉的那一份质量称为原子核的质量亏损。

德国科学家哈恩和梅特纳对"超铀元素"加以详细研究之后,很快地看到,事情要比费米最初所设想的复杂得多。哈恩于1938年和F·斯特拉斯曼一起发现核裂变现象。铀经过中子照射后产生一些β放射性元素,他们鉴定核反应产物后,肯定其中之一是放射性钡。

奥地利女物理学家梅特纳和她的侄子弗瑞士很受启发,他们正在寻找一个合适的名词,来表示原子核被打破而分裂的现象,决定采用细胞分裂的"分裂"这个名词,来表示原子分裂,把它称为"核裂变",或"原子分裂"。

梅特纳用数学方法分析了实验结果。她推想钡和其他元素就是由铀原子核的分裂而产生的。但当她把这类元素的原子量相加起来时,发现其和并不等于铀的原子量,而是小于铀的原子量。说明在核反应过程中,发生了质量亏损。梅特纳认为,这个质量亏损的数值正相当于反应所放出的能。她根据爱因斯坦的质能关系式算出了每个铀原子核裂变时会放出的能量。

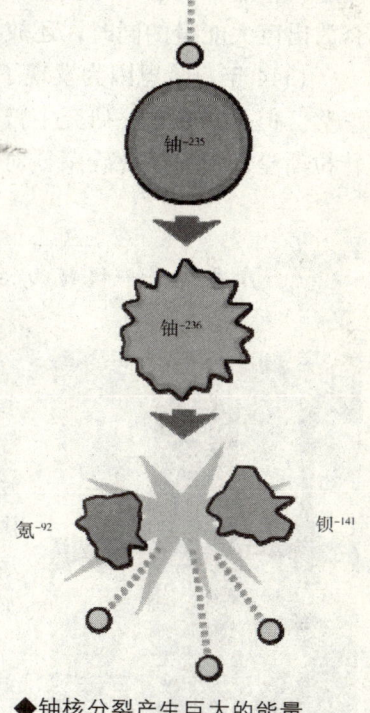

◆铀核分裂产生巨大的能量

低碳与新能源

弗瑞士用实验证实这种设想,他也用中子轰击铀,当中子击中铀核时,能观察到那异常巨大的能量几乎把测量仪表的指针逼到刻度盘以外。弗瑞士与梅特纳于1939年2月在《自然》杂志上发表了他们的报告。

> 核裂变现象的发现,具有重大意义。它打开了大规模利用原子能的大门,原子能世纪真正到来啦。

铀核分裂产生的这个能量,比相同质量的物质发生化学反应放出的能量大几百万倍以上。这种新形式的能量就是原子核裂变能,也称核能,或原子能。但当时,只注意到核裂变释放出惊人的能量,忽略了释放中子的问题。稍后,哈恩、约里奥·居里等人又有了更重要的发现:在铀核裂变释放出巨大能量的同时,还放出两三个中子来。

1944年,哈恩因为发现了"重核裂变反应",荣获该年度的诺贝尔化学奖。但是,在这一研究中曾经与其合作并做出过重大贡献的梅特纳和斯特拉斯曼却没有获此殊荣,对此,人们不免感到遗憾。

广角镜——颁错的诺贝尔奖

◆费米实验室是以著名的理论物理学家费米的名字命名,建立于1967年,是美国最重要的物理学研究中心之一

中子被发现以后,科学家就利用它去轰击各种元素,研究核反应。费米为首的一批青年人,轰击当时元素周期表上最后一个元素铀。当用中子轰击时,他们发现铀被激活了,并产生出好些种元素。他们认为,在这些铀的衰变产物中,有一种是原子序数为93的新元素。这是由于中子打进铀原子核里,使铀的原子量增加而转变成的新元素。

1938年11月10日,也就是"93号元素"发现4年多以后,费米接到来自斯德哥尔摩的电话,表彰他认证了由中子轰击所产生的新的放射性元素,以及他在这一研究中发现由慢中子引起的反应。

1938年11月22日,也就是在诺贝尔奖颁发后石油时代的可替代能源——核能

◆著名物理学家费米（中）

后的第12天，哈恩把分裂原子的报告寄往柏林《自然科学》杂志，该杂志1939年1月便登出了哈恩的论文，推翻了费米的实验结果。显而易见，诺贝尔奖搞错了！

听到这惊人的消息，费米的第一个反应是来到哥伦比亚大学实验室，利用那里较好的设备，重复了哈恩的试验，结果和哈恩的试验一样。

这一事实，对费米来说无疑是难堪的。然而和人们的想象相反，费米坦率地检讨和总结了自己的错误判断，表现了一个科学家服从真理的高尚品质。

核反应堆的秘密

1939年1月，用中子引起铀原子核裂变的消息传到费米的耳朵里，当时他已逃亡到美国哥伦比亚大学，费米不愧是个天才科学家，他一听到这个消息，马上就直观地设想了原子反应堆的可能性，开始为它的实现而努力。费米组织了一支研究队伍，对建立原子反应堆问题进行彻底的研究。费米与助手们一起，经常通宵不眠地进行理论计算，思考反应堆的形状设计，有时还要亲自去解决石墨材料的采购问题。

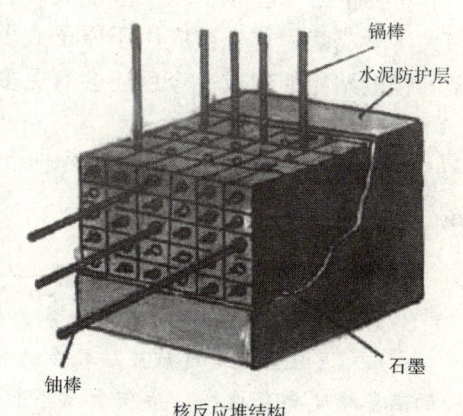

◆石墨反应堆

1942年，费米领导了世界上第一座原子核反应堆的建设和试验工作，并研究使链式反应变为连续、缓慢、可控的核反应，使核能平缓地释放出来。1942年12月2日，在美国芝加哥体育场的看台下，世界上第一座用石墨作减速剂的原子核反应堆竣工落成。原子核反应堆能可控地放出大量的能量，人类从此进入了核能时代。

低碳与新能源

链式反应产生大量热能。用循环水（或其他物质）带走热量才能避免反应堆因过热烧毁。导出的热量可以使水变成水蒸气，推动汽轮机发电。由此可知，核反应堆最基本的组成是裂变原子核＋热载体。但是只有这两项是不能工作的。

> 铀矿石不能直接做核燃料。要经过精选、碾碎、浓缩等程序，制成有一定铀含量、一定几何形状的铀棒才能参与反应堆工作。

因为，高速中子会大量飞散，这就需要使中子减速增加与原子核碰撞的机会；核反应堆要依人的意愿决定工作状态，这就要有控制设施；铀及裂变产物都有强放射性，会对人造成伤害，因此必须有可靠的防护措施。综上所述，核反应堆的合理结构应该是：核燃料＋慢化剂＋热载体＋控制设施＋防护装置。

世界上第一座原子核反应堆被命名为"芝加哥"第一号CP－1。这一伟大科学成就，首先被应用于原子武器和潜艇核动力方面。然后，各种类型的核电站相继建成。今后还会有更多的奇迹出现。

 知识窗

石墨——减速剂

石墨具有良好的中子减速性能，最早作为减速剂用于原子反应堆中，铀——石墨反应堆是目前应用较多的一种原子反应堆。作为原子反应堆用的石墨纯度要求很高，杂质含量不应超过几十个ppm（ppm为百万分之一）。石墨反应堆其他方面与其他核电站原理一样，只是减速剂不同，其中石墨、重水是公认的最好的减速剂，因为这两种反应堆的效率较高。

 链接：给粒子提速——回旋加速器

1930年，劳伦斯发明了回旋加速器。这是一种有奇特效能的能够加速带电

后石油时代的可替代能源——核能

粒子的装置。以后逐渐加大尺寸,在许多地方建成了一系列回旋加速器,致使他在加利福尼亚州伯克利的辐射实验室成为世界物理学家参观学习的基地。劳伦斯还大力宣传推广用加速器中产生的放射性同位素或中子来治疗癌症等疑难病。由于在回旋加速器及其应用技术方面的成就,劳伦斯获得1939年诺贝尔物理学奖。

◆美国劳伦斯伯克利国家实验室创始人——劳伦斯

拓展思考

1. 谁发现了铀裂变?
2. 你能说出什么是核反应堆吗?
3. 谁建设了世界上第一个原子核反应堆?
4. 劳伦斯的贡献是什么?

低碳与新能源

轰开粒子物理的秘密
——高能加速器

◆高速运动的粒子流

自卢瑟福1919年用天然放射性元素放射出来的α射线轰击氮原子首次实现了元素的人工转变以后,物理学家就认识到要想认识原子核,必须用高速粒子来变革原子核。天然放射性提供的粒子能量有限,天然的宇宙射线中粒子的能量虽然很高,但是粒子流极为微弱,而且无法支配宇宙射线中粒子的种类、数量和能量。为了开展有预期目标的实验研究,几十年来人们研制和建造了多种粒子加速器,性能不断提高。在生活中,电视和X光设施等都是小型的粒子加速器。随着加速器能量的不断提高,人类对微观物质世界的认识逐步深入,粒子物理研究取得了巨大的成就。

直线粒子加速器

直线粒子加速器是应用沿直线轨道分布的高频电场加速电子、质子和重离子的装置。早期利用频率不太高的交变电场加速带电粒子,1946年后利用射频微波来加速带电粒子。在柱形金属空管内输入微波,可激励各种模式的电磁波,其中一种模式沿轴线方向的电场有较大分量,可用来加速带电粒子。为了使沿轴线运动的带电粒子始终处于加速状态,要求电磁波在波导中的相速降低到与被加速粒子运动同步,这可以通过在波导中按一

后石油时代的可替代能源——核能

定间隔安置带圆孔的膜片或漂移管来实现。电子的质量很小，几兆电子伏。

在加速器管中有金属圈，它们同高压发生器相连的方式能使一系列金属圈的负压由底部向顶端逐渐升高。生产质子的离子源安装在加速器管的上端。带正电的质子由于受到带负电的金属圈的吸引而顺管射下——由于下面的金属圈的负电压不断增大，质子的速度也不断增大。在加速器管的地端的地板下面，有一间装有接收器的小室，质子能够在这里同物质碰撞，在此过程中，轰击能够引起原子核的蜕变。

当粒子束在管道末撞击目标时，各种检测器会记录事件——释放的亚原子粒子和辐射。这些加速器非常庞大，因此被掩埋在地下。

◆斯坦福直线加速器实验室的直线加速器

◆中国科学院的直线加速器

例如，在加利福尼亚州的斯坦福直线加速器实验室就有一个直线加速器，大约有3千米长。

113

低碳与新能源

链接：加速器在医学中的妙用

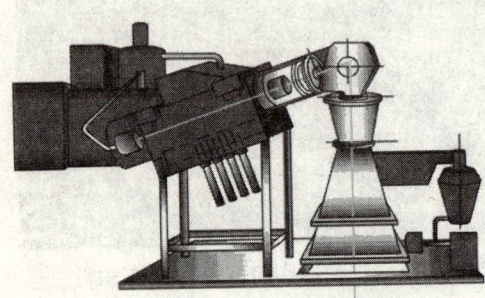

医用加速器是生物医学上的一种用来对肿瘤进行放射治疗的粒子加速器装置。带电粒子加速器是用人工方法借助不同形态的电场，将各种不同种类的带电粒子加速到更高能量的电磁装置，常称"粒子加速器"，简称为"加速器"。

◆医用电子直线加速器

要使带电粒子获得能量，就必须有加速电场。依据加速粒子种类的不同，加速电场形态的不同，粒子加速过程所遵循的轨道不同被分为各种类型加速器。目前国际上，在放射治疗中使用最多的是电子直线加速器。

小贴士——1951年诺贝尔物理学奖

1951年诺贝尔物理学奖授予英国哈维尔原子能研究所署的考可饶夫和在柏林大学的瓦尔顿，以表彰他们在发展用人工加速原子性粒子的方法使原子核蜕变的先驱工作。

在从英国剑桥大学卡文迪什实验室出身的众多诺贝尔奖获得者中，考可饶夫和瓦尔顿是其中两位得奖比较晚的实验物理学家。1932年他们建造成

◆考可饶夫和瓦尔顿

世界上第一台直流加速器——命名为柯克罗夫特－沃尔顿直流高压加速器，以能量为0.4兆电子伏特的质子来轰击锂靶，得到α粒子和氦的核反应实验。

后石油时代的可替代能源——核能

加速器的飞跃——回旋加速器

◆劳伦斯在1929年设计了第一个粒子加速器

利用直线加速器加速带电粒子时，粒子是沿着一条近于直线的轨道运动和被逐级加速的，因此当需要很高的能量时，加速器的直线距离会很长。有什么办法来大幅度地减小加速器的尺寸吗？办法说起来也很简单，如果把直线轨道改成圆形轨道或者螺旋形轨道，一圈一圈地反复加速，这样也可以逐级谐振加速到很高的能量，而加速器的尺寸也可以大大地缩减。

奈辛于1924年，维德罗于1928年分别发明了用漂移管上加高频电压原理建成的直线加速器。由于受当时高频技术的限制，这种加速器只能将钾离子加速到50千电子伏特，实用意义不大。但在此原理的启发下，美国实验物理学家劳伦斯1932年建成了回旋加速器，并用它产生了人工放射性同位素，为此获得了1939年的诺贝尔物理学奖。这是加速器发展史上获此殊荣的第一人。

每次粒子通过时，电磁场都会加强，使得粒子每通过一圈速度都会加快。当粒子达到最高速或获得期望的能量时，就会将目标放置在粒子束的行进路径上，周围或附近放置有检测器。回旋加速器是1929年发明的第一种加速器。事实上，第一个回旋加速器的直径只有10厘米。

回旋加速器的两个半圆形金属

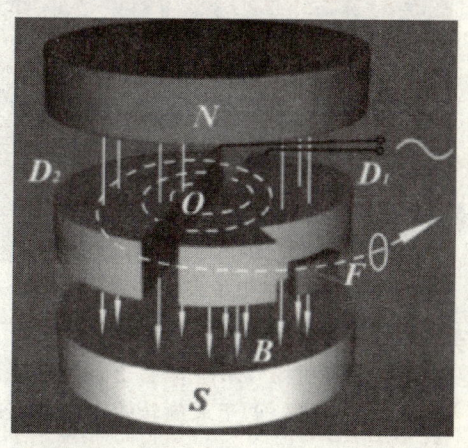

◆回旋加速器原理图

115

低碳与新能源

盒为D形电极（或D形盒）。两个D形电极与高频振荡器相连，使两电极间产生高频交变电场。同时，两个D形电极放在恒定的匀强磁场间。当两电极间的离子源发射出带电粒子时，这些粒子在电场作用下进入D形盒内，D形盒内无电场（被D形盒屏蔽）

> 回旋加速器与直线性加速器的作用相同。但是，回旋加速器不采用线性长轨道，而是沿着环形轨道多次推进粒子。

但有垂直于D形盒的磁场，使带电粒子作圆周运动，只要加在D形电极上的交变电场频率与粒子在D形盒中的旋转频率相等，则能保证带电粒子经过D形盒的缝隙时始终能被电场加速。随着加速次数的增加，粒子的轨道半径和速率逐渐增大。最后用致偏电极F将粒子引出，从而获得高能粒子束。当粒子的速度接近于光速时，根据相对论，粒子的质量会增大，使粒子在D形电极内运动所需的时间变长，不能与交变电场保持同步。

 实验——观察洛伦兹力

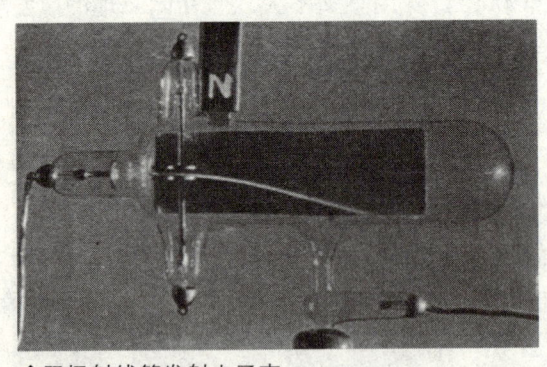

◆阴极射线管发射电子束

如左图所示，高压电源可以使阴极射线管发射电子束，在射线管内充有发光气体，可以使电子束呈色，便于观察。

在阴极射线管两端通上高压电源，这时电子束从射线管的阳极流向阴极，通过发光气体观察到电子流的轨迹；然后用条形磁铁的一端去接近射线管，观察电子束轨迹的变化，改变磁极再次观察电子束的轨迹变化。

在没有磁场作用下，电子束的轨迹是一条直线；加上磁场后，电子束发生偏转，改变磁极，电子束偏转的方向发生改变。

后石油时代的可替代能源——核能

 **原理介绍**

洛伦兹力的方向

左手定则必须让你的手处在不自然的位置。伸出你的左手,让食指指向磁场方向,中指指向正电荷运动的方向(或负电荷运动的反方向),那么你的大拇指(与食指成 L 形)所指的方向便是电荷所受洛伦兹力的方向。

中国正在加速

要想了解物质的微观结构,首先要把它打碎。粒子加速器就是用高速粒子去"打碎"被测物质,让正负电子在运动中相撞,可以使物质的微观结构产生最大程度的变化,进而使我们了解物质的基本性质。20 世纪 80 年代,我国陆续建设了三大高能物理研究装置——北京正负电子对撞机、兰州重离子加速器和合肥同步辐射装置。

合肥同步辐射装置

同步辐射是接近光速的高能电子在电子储存环或电子同步加速器中回旋运动时发出的一种极强的电子辐射。它具有宽能谱、高亮度、偏振性等一系列优异性能,被广泛应用于物理学、化学、材料科学、信息科学、生命科学、医学、能源与环境等基础研究及应用研究领域。

◆合肥同步辐射装置储存环大厅

合肥同步辐射装置是我国建设的第一个专用同步辐射装置,光谱范围覆盖 X 射线到远红外,拥有 15 条光束线和实验站,为国内外 80 多所高校和研究所提供了优异的研究平台和强大的技术支持,已成为我国重要的科学研究平台、知识创新、人才培养及高新技术研发基地。

117

低碳与新能源

◆北京正负电子对撞机的双储存环

◆兰州重离子加速器冷却储存环

北京正负电子对撞机

北京正负电子对撞机是一台可以使正、负两个电子束在同一个环里沿着相反的方向加速,并在指定的地点发生对头碰撞的高能物理实验装置。由于磁场的作用,正负电子进入环后,在电子计算机控制下,沿指定轨道运动,在环内指定区域产生对撞,从而发生高能反应。然后用一台大型粒子探测器,分辨对撞后产生的带电粒子及其衍变产物,把取出的电子信号输入计算机进行处理。它始建于1984年10月7日,1988年10月建成,包括正负电子对撞机、北京谱仪(大型粒子探测器)和北京同步辐射装置。

北京正负电子对撞机的建成,为我国粒子物理和同步辐射应用研究开辟了广阔的前景。它的主要性能指标达到20世纪80年代国际先进水平,一些性能指标迄今仍然是国际同类装置的最好水平。

兰州重离子加速器

兰州重离子加速器是我国自行研制的第一台重离子加速器,同时也是我国到目前为止能量最高、可加速的粒子种类最多、规模最大的重离子加速器,是世界上继法国、日本之后的第三台同类大型回旋加速器,1989年11月投入正式运行,主要指标达到国际先进水平。中科院近代物理研究所的科研人员以创新的物理思想,利用这台加速器成功地合成和研究了10余种新核素。

后石油时代的可替代能源——核能

讲解——大型强子对撞器 LHC

大型强子对撞器是一座位于瑞士日内瓦近郊欧洲核子研究组织 CERN 的粒子加速器与对撞机,作为国际高能物理学研究之用。

大型强子对撞机不仅是世界最大的粒子加速器,同时也是世界最大的机器。这个 27 千米长的粒子加速器,位于瑞士、法国边境地区的地下 100 米深的环形隧道中,隧道全长 26.659 千米,建设耗资超过 60 亿美元。

◆欧洲核子研究组织的粒子加速器与对撞机

这是先前大型电子正子加速器所使用隧道的再利用。隧道本身直径三米,位于同一平面上,并贯穿瑞士与法国边境,主要的部份大半位于法国。虽然隧道本身位于地底下,尚有许多地面设施如冷却压缩机、通风设备、控制电机设备,还有冷冻槽等等建构于其上。

加速器通道中,主要是放置两个质子束管。加速管由超导磁铁所包覆,以液态氦来冷却。管中的质子是以相反的方向,环绕着整个环型加速器运行。除此之外,在四个实验碰撞点附近,另有安装其他的偏向磁铁及聚焦磁铁。

广角镜——粒子加速器制造出黑洞会吞噬地球?

英国《卫报》报道了人类未来 70 年内可能发生的十大灾难。其中,"黑洞"吞噬地球被列为十大灾难之首。物理学家担忧粒子加速器可产生类似黑洞的高密度物质,把实验室甚至整个地球吞噬。那么,粒子加速器真能制造出黑洞,它真的如某些科学家担心的那样,可能吞噬实验室甚至整个地球?

从现有的科学道理讲,不排除发生核爆炸、人造黑洞吞噬、奇异物质态和真空跃迁在人造的加速器上发生。但我们可以从别的知识来作反证,证明这样的事

 低碳与新能源

情不可能发生。首先，按照现有的科学知识，在人造高能粒子加速器上可能产生瞬间的核聚变、人造黑洞、奇异物质态、以及真空跃迁。但这些事件都是在一个微观尺度上瞬间发生并很快演变为正常物质。没有事实证明它们可能产生级联反应，并影响到周围的宏观环境。

◆假如掉进黑洞后果将会怎样

拓展思考

1. 什么是直线加速器？它有什么用途？
2. 谁获得了 1951 年诺贝尔物理学奖？
3. 回旋加速器和直线加速器有什么区别？
4. 粒子加速器制造出的黑洞会"吞噬"地球吗？

后石油时代的可替代能源——核能

核武器原料——威风的铀氏兄弟

物质的最小单元是分子,物质的分子若是由不同元素的原子组成,该物质被称为化合物。硫酸钾铀化合物,含有硫原子、氧原子、钾原子、铀原子,通过比较和鉴别,后来进一步发现,原来,硫酸钾铀中,硫、氧、钾原子是稳定的,只有其中的铀原子能够悄悄地放出另一种人们肉眼看不见的射线,使照相底片感光。这种神秘的射线,似乎是无限地进行着,强度不见衰减。发出 X 射线还需要阴极射线管和高压电源,而铀盐无需任何外界作用却能永久地放射着一种神秘的射线。

铀的三个"兄弟"

1789 年,一种化学元素由德国化学家克拉普罗特从沥青铀矿中分离出,就用 1781 年新发现的一个行星——天王星命名它为铀(Uranium),元素符号定为 U。1896 年法国物理学家——安东尼·亨利·贝克勒尔发现

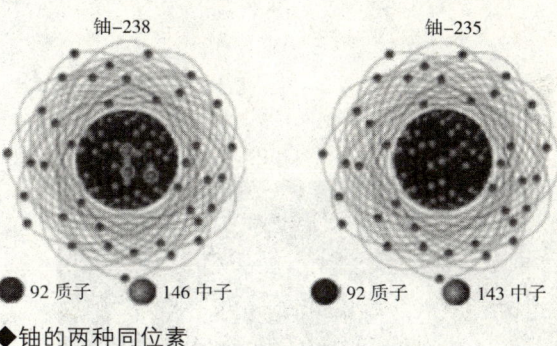

◆铀的两种同位素

了铀的放射性衰变。1939 年,哈恩和斯特拉斯曼发现了铀的核裂变现象。

铀(Uranium)是原子序数为 92 的元素,是自然界中能够找到的最重元素。在自然界中有三种同位素存在,均带有放射性,拥有非常长的半衰期(数亿年至数十亿年),地球上存量最多的是铀－238(占 99.284%),其次是可用作核能发电的燃料的铀－235(占 0.711%),占天然铀最少的是铀－234(占 0.0054%),铀有 12 种人工同位素(铀－226～铀－240)。

低碳与新能源

千百年来铀一直被用作给玻璃染色的色素。然而现在纯金属铀是核反应堆和原子弹中使用的核燃料。少量用于电子管制造业中的除氧剂和惰性气体提纯（除氧、氢）。

1789年发现的一种普通的金属元素居然会成为今天核动力和核武器的原料。在20世纪40年代以前，一种普通的金属一直被看作是没有什么用处的东西，这就是铀。铀通常被人们认为是一种稀有金属，尽管铀在地壳中的含量很高，比汞、铋、银要多得多，但由于提取铀的难度较大，所以它注定了要比汞元素发现得晚得多。尽管铀在地壳中分布广泛，但是只有沥青铀矿和钾钒铀矿两种常见的矿床。人们认识铀正是从这两种矿石开始的。

◆千百年来铀一直被用作给玻璃染色的色素

浓缩的精华

◆铜铀云母是一种主要的含铀矿物，可以用来提炼铀。它为绿色晶体或像云母样的块体

纯度为3%的铀－235为核电站发电用低浓缩铀，铀－235纯度大于80%的铀为高浓缩铀，其中纯度大于90%的称为武器级高浓缩铀，主要用于制造核武器。提纯浓缩铀－235含量的技术比较复杂，因为元素的各种同位素，如同"孪生姐妹"，无论在物理性质和化学性质上都十分相似，采

后石油时代的可替代能源——核能

用通常的各种物理提纯方法或者化学提纯方法收效都甚微，代价却很高。

提纯浓缩铀－235要经过探矿、开矿、选矿、浸矿、炼矿、精炼等流程，而浓缩分离是其中最后的流程，需要很高的科技水平。获得1千克武器级铀－235需要200吨铀矿石。

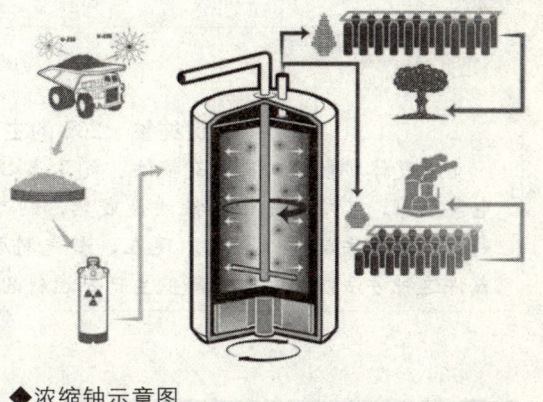

◆浓缩铀示意图

制造核燃料分四个步骤：

铀开采

铀是地球上最丰富的核材料之一，铀矿主要分布在加拿大、澳大利亚和哈萨克斯坦。矿石被浓缩成"铀粉末"（核反应燃料重铀酸铵或重铀酸钠的俗称）并与氟结合形成六氟化铀气体或结晶。

铀分离

铀原料放置于离心机中央反应室内，高达4层楼以上的离心机以10万转/分钟的速度旋转。较重的铀－238原子逐渐靠近离心机的边缘，而较轻的铀－235则保留在离心机中心部位。结晶铀－235被称为"富铀"（浓缩铀），其余的"贫铀"则被丢弃。

铀提纯

铀－238和铀－235的重量差距极小。研究人员以1克重的纸夹举例，称铀－238和铀－235的重量差距约为纸夹重量的5千万亿分之一，因此，仅靠单个离心机一次分离是远远不够的，必须通过更多离心机加工，才可以分离提纯。这些离心机以"级联配置"联接一体。因而，"级联配置"成为核物质用途的又一重要线索。铀在一级离心机提纯后，会转送到下一级离心机继续提纯，级级相连。由于核电站所需铀浓缩较低，其离心机级联层次较少，因而看起来会比较短。而用作核武器的铀浓度要达到90%以上，其离心机层次更多，级联配置自然显得又细又长。

低碳与新能源

提纯铀－235 的主要方法

有气体扩散法、离子交换法、气体离心法、蒸馏法、电解法、电磁法、电流法等，其中以气体扩散法最成熟，制造第一颗原子弹用的铀核材料就是用这种方法制造出来的。现在，激光科学工作者提出用激光进行提纯，或许这种方法能够大大地降低生产铀燃料的成本。

压缩并使用

低浓缩核燃料被压缩为固态氧化铀燃料颗粒，然后放进管道，在核电厂反应堆核心中产生蒸汽，进而使涡轮机运转。高浓缩铀被压缩处理成金属块，成为核武器的核心（即核弹头）。

由于涉及核武器问题，铀浓缩技术是国际社会严禁扩散的敏感技术。目前除了几个核大国之外，日本、德国、印度、巴基斯坦、阿根廷等国家都掌握了铀浓缩技术。提炼浓缩铀通常采用气体离心法，气体离心分离机是其中的关键设备，因此美国等国家通常把拥有该设备作为判断一个国家是否进行核武器研究的标准。

◆高浓缩铀是核武器的核心

广角镜——美质疑伊朗铀浓缩能力

2010 年 2 月 11 日，美国白宫发言人罗伯特·吉布斯对伊朗的铀浓缩能力提出质疑，称美方不认为伊朗有能力生产纯度为 20％的浓缩铀。

伊朗总统内贾德在德黑兰出席纪念伊斯兰革命胜利 31 周年集会时说，伊朗

后石油时代的可替代能源——核能

已生产出第一批纯度为20%的浓缩铀。他还说,伊朗有能力生产纯度达到80%的浓缩铀,但由于伊朗不需要纯度超过20%的浓缩铀,所以不会继续浓缩。

美国国务院发言人菲利普·克劳利说,美国对待伊朗在核问题上的表态持严肃态度。他称伊朗宣布开始生产纯度为20%的浓缩铀的表态违反了联合国安理会相关决议。

◆伊朗曾经展示过的浓缩铀样本

长期以来,西方国家对伊朗铀浓缩活动深怀疑虑,担心伊朗可能借机研制核武器。伊朗坚称自己拥有和平利用核能的权利。2009年10月,国际原子能机构提出一份草案,主张伊朗在去年年底前将低纯度浓缩铀运往俄罗斯提炼至20%左右的纯度,然后再由法国生产成伊朗研究用核反应堆所需核燃料棒。西方要求伊朗全盘接受这一协议,对此伊朗一直拒绝接受。

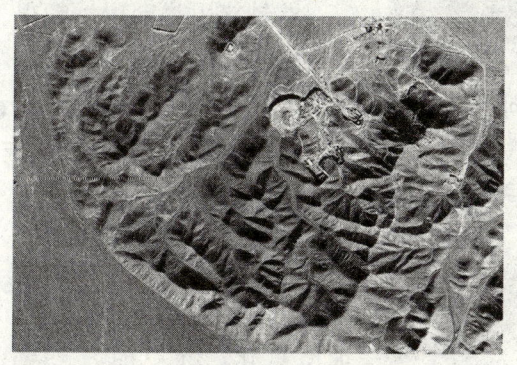

◆照片显示了可能是位于伊朗库姆附近的铀浓缩厂

核燃料的副产品——贫铀

纯天然铀中铀-235仅占0.72%,铀-238占绝对优势,获取浓缩铀后剩余的铀,铀-235含量更低。这种铀-235含量比天然铀更低的铀叫贫铀。美国原子能标准委员会将铀-235低于0.711%的铀定为贫铀,美国国防部定的国防部标准为铀-235含量在0.3%以下,而实际使用的标准是0.20%。

贫铀作为核燃料的副产品,在过去相当长的时间内被作为核废料,而用于核废料的管理费用是相当巨大的。因此各生产核燃料的国家都为贫铀

低碳与新能源

的利用寻找出路。目前已有不少国家将贫铀用于新弹药的研制，生产了贫铀弹。美国在贫铀的利用方面取得了突破性进展，美国生产的新式 M1A1 坦克采用了贫铀装甲，大大提高了坦克防护能力。在海湾战争期间，美国使用了贫铀穿甲弹。

贫铀穿甲弹穿甲性能很强。一是由于贫铀密度大，制成相同体积的弹丸时质量大。弹丸穿透力和弹丸质量平方根成正比，这就是贫铀穿甲弹为什么穿甲性能很强的主要原因。其次贫铀的高硬度也是重要因素，又由于铀易氧化，穿甲时发热燃烧，形成较大的后破坏作用，杀伤乘员及破坏坦克的内部设备。

◆使用了贫铀复合装甲，炮弹也是贫铀穿甲弹，战车全重在 65 吨左右，是个带放射性的重量级杀手

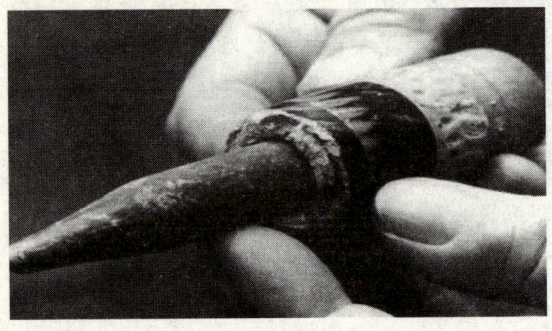

◆美军贫铀穿甲弹发射后的弹芯

 小知识：贫铀弹——打坦克同时制造癌症

贫铀是生产核电站使用的浓缩铀时产生的副产品，其放射性是天然铀的 60%。自海湾战争以来，美军多次发射穿透力极强的贫铀弹，用于打击地面坦克装甲车辆等目标。但是贫铀弹有放射性，能对人体产生伤害，对环境造成污染。海湾战争中，美国使用贫铀弹数量估计达到几十万枚。1999 年，美军又在科索沃战争投下 3.1 万枚贫铀弹。贫铀炸弹对人体危害极大，会导致新生儿白血病、癌症以及各种畸形病变。专家们指出，使用这种炸弹空袭，无异于发动了一场化

后石油时代的可替代能源——核能

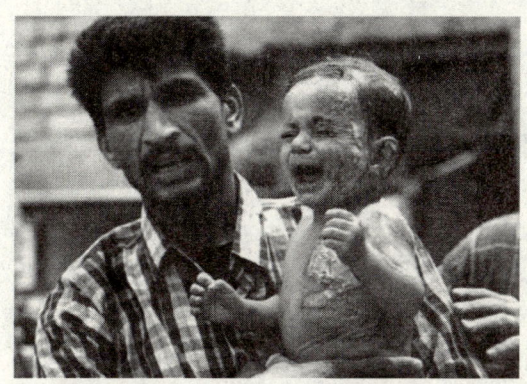

学战争。这种"杀人不见血"的软刀子对生态环境会造成很大破坏,其破坏范围可殃及被炸地区乃至更远的地方,而且清除起来十分困难,是国际社会所禁用的武器。

◆伊拉克平民百姓受到贫铀炮弹的伤害

拓展思考

1. 为什么说铀资源很稀有?
2. 铀矿主要分布在哪里?
3. 如何提纯铀—235?提纯的方法主要有哪些?
4. "贫铀"是什么?为什么有很大的杀伤力?

 低碳与新能源

无穷无尽的核能——核电站

世界上的主要能源是煤、石油、天然气这些化石燃料,化石燃料不是可再生能源,用掉一点儿就少一点儿。1987年,世界卫生组织总干事布伦特兰领导的世界环境和发展委员会提出了"可持续发展"的概念,就是"既满足当代人的需求,又不危及后代人满足其需求的发展"。为了实现可持续发展,人类迫切地需要新的替代能源。目前唯一达到工业应用、可以大规模替代化石燃料的能源,就是核能。

核电站的结构

核电站是利用核分裂或核融合反应所释放的能量产生电能的发电厂。目前商业运营中的核能发电厂都是利用核分裂反应而发电的。

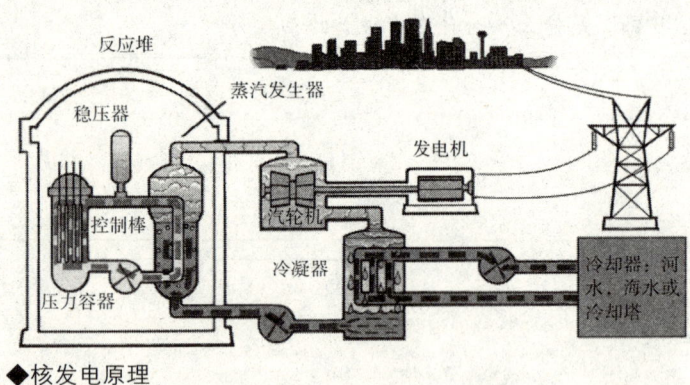

◆核发电原理

核电站使用的燃料一般是放射性重金属:铀、钚。现在使用最普遍的民用核电站大都是压水反应堆核电站,它的工作原理是:用铀制成的核燃料在反应堆内进行裂变并释放出大量热能;高压下的循环冷却水把热能带出,在蒸汽发生器内生成蒸汽,推动发电机旋转。

核电站以核反应堆来代替火电站的锅炉,以核燃料在核反应堆中发生

后石油时代的可替代能源——核能

特殊形式的"燃烧"产生热量，来加热水使之变成蒸汽。蒸汽通过管路进入汽轮机，推动汽轮发电机发电。一般说来，核电站的汽轮发电机及电器设备与普通火电站大同小异，其奥妙主要在于核反应堆。

核发电量占本国总发电量比例最高的国家是立陶宛，达到80%，其次是法国，达到79%。

核电站除了关键设备——核反应堆外，还有许多与之配合的重要设备。以压水堆核电站为例，它们是主泵、稳压器、蒸汽发生器、安全壳、汽轮发电机和危急冷却系统等。它们在核电站中有各自的特殊功能。

 万花筒

核电站发展六十年

第一座反应堆首次启动时，功率仅为0.5瓦。60年后，核能已占全世界总能耗的6%。国际原子能机构公布，截至2002年底，全世界共有441台核电机组在运行，2002年共生产电力2.574万亿千瓦小时，约占当年世界总发电量的17%。

 **广角镜——首座浮动核电站**

俄罗斯联合工业集团公司开始建设世界首座浮动核电站。自2009年2月27日至2012年底浮动机组完成试验后交付使用。

低功率浮动核电机组主要针对俄北部及远东等边远地区、气田开发等设计。每台KLT-40C反应堆额定电功率为35兆瓦，热功率为140兆千卡。浮动核电站不仅能提供电能、热能，还能淡化海水，使

◆安置在船上的浮动核电站

低碳与新能源

用寿命为至少38年，每12年为一周期，间隔期内更换核燃料和维修。

低功率浮动核电站安装在一艘长144米、宽30米、排水量为2.15万吨的平甲板非航破冰船上。下新城机械试验设计局制作船头浮动机组配件，"卡卢加汽轮机厂"供应汽轮机装置。波罗的海造船厂已经完成一套蒸汽发生器装配工作，全部8台换热器已经送达厂区。

中国人自己的核电站

秦山核电站

秦山核电站是中国自行设计、建造和运营管理的第一座30万千瓦压水堆核电站，地处浙江省海盐县。由中国核工业集团公司100%控股，秦山核电公司负责运行管理。采用目前世界上技术成熟的压水堆，核岛内采用燃料包壳、压力壳和安全壳3道屏障，能承受极限事故引起的内压、高温和各种自然灾害。

◆秦山核电站

大亚湾核电站

大亚湾核电站位于深圳市东部大亚湾畔，面临大亚湾，背靠排牙山，占地2平方千米，是中国大陆第一座百万千瓦级大型商用核电站，拥有两台98.4万千瓦的压水堆核电机组。大亚湾核电站是中国引进国外资金、设备和技术建设的第一座大型商用核电站，是中国改革开放以来建立的最大的中外合资企业之一，总投资40亿美元。大亚湾核电

◆大亚湾核电站

后石油时代的可替代能源——核能

站的建成标志着中国和平利用核能达到世界先进水平。

田湾核电站

位于江苏省连云港市连云区田湾，厂区按4台百万千瓦级核电机组规划，并留有再建2至4台的余地。一期建设2台单机容量106万千瓦的俄罗斯AES－91型压水堆核电机组，设计寿命40年，年平均负荷因子不低于80%，年发电量为140亿千瓦时。

岭澳核电站

一期工程于1997年5月开工建设。它位于广东大亚湾西海岸大鹏半岛东南侧。岭澳核电站是"九

> 大亚湾核电站自投入使用以来，安全质量管理达到了很高的标准，曾经获得美国评选1994年电厂大奖，成为全世界5个获奖的电站之一，也是世界唯一获奖的核电站。

◆田湾核电全景

五"期间我国开工建设的基本建设项目中最大的能源项目之一。岭澳核电站（一期）拥有两台百万千瓦级压水堆核电机组，2003年1月全面建成投入商业运行，2004年7月16日通过国家竣工验收。

◆岭澳核电站

低碳与新能源

广角镜——最大的核电站——福岛核电站

◆世界最大的核电站——福岛核电站

世界最大的核电站。位于日本福岛工业区,由福岛一站、福岛二站组成,共有10台机组,均为沸水堆,总输出功率净/毛值为8814/9096兆瓦,两站总容量超过原世界最大核电站加拿大布鲁斯核电站(6786/7226兆瓦)。

福岛一站1号机组于1971年3月投入商业运行,输出电功率净/毛值为439/460兆瓦,负荷因子为49.9%。2号~6号机组分别于1974年7月、1976年3月、1978年4月、1978年10月、1979年10月投入商业运行。福岛二站4台机组的输出电功率净/毛值均为1067/1100兆瓦。

可怕的核废物与核污染

1986年4月26日当地时间1点24分,苏联的乌克兰共和国切尔诺贝利核能发电厂发生严重泄漏及爆炸事故。凌晨1点23分,两声沉闷的爆炸声打破了周围的宁静。随着爆炸声,一条30多米高的火柱掀开了反应堆的外壳,冲向天空。虽然事故发生6分钟后消防人员就赶到了现场,但强烈的热辐射使人难以靠近,只能靠直升飞机从空中向下投放含铅和硼的沙袋,以封住反应堆,阻止放射性物质的外泄。

这场事故不但造成2人死亡,更

◆废墟中的切尔诺贝利核能发电厂

后石油时代的可替代能源——核能

使很多人受到放射性物质的污染。至1992年，已有7000多人死于这次事故的核污染。由于这场事故，核电站周围30千米范围被划为隔离区，居民被疏散，庄稼被全部掩埋，同时在日后长达半个世纪的时间里，10千米范围以内将不能耕作、放牧；10年内100千米范围内被禁止生产牛奶。不仅如此，由于放射性烟尘的扩散，整个欧洲也都被笼罩在核污染的阴霾中。临近国家检测到超常的放射性尘埃，致使粮食、蔬菜、奶制品的生产都遭受了巨大的损失。时至今日，当时参加救援工作的83.4万人中，已有5.5万人丧生，上万人成为残疾，30多万人受放射伤害死去。

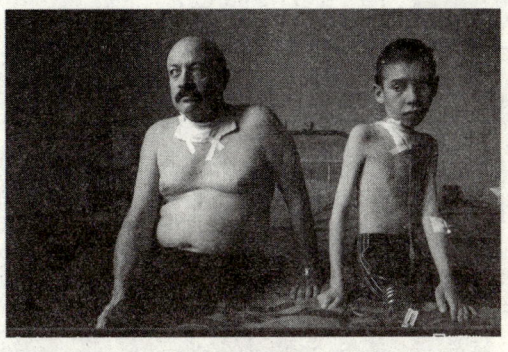

◆许多百姓因为核辐射留下了后遗症

2004年8月9日下午15点30分左右，日本美滨核电站3号反应堆发生涡轮机房内蒸汽泄漏事故，目前已造成4人死亡，7人受伤，其中1人生命垂危。这是日本伤亡最惨重的一次核电站事故。1999年，东京附近的一座核反应堆曾发生辐射泄漏，造成2名工人死亡。此次日本美滨核电站事故的发生又一次引起了人们对核能发电安全性的置疑。

◆日本美滨核电站发生泄漏

正是这种巨大的危害性使得许多人对核电站谈虎色变。在许多国家，"反对派"激烈的抗议和阻挠使核电事业的发展放慢了脚步。作为同样拥有核电站的国家，中国的核安全问题在此刻也被推到了台前：中国该不该继续发展核电？中国核电站够安全吗？

低碳与新能源

中国的骄傲

我国核电从无到有，在探索中前进，不断趋于成熟，走出了自己的发展道路。我国核电站采用压水、重水反应堆，从设计原理、结构到安全措施，在安全上是有保证的。我国核电的安全业绩是值得骄傲的：没有发生过二级或者二级以上的运行事件，核电站的环境辐射监测数据基本保持在核电站运行前天然本底的辐射水平。

链接：核电站中的安全壳

核燃料是被密闭在称之为燃料元件包壳的金属管内的。只要管子不破，放射性物质不会漏到外面来，这是第一道防线。燃料元件放在反应堆的容器内，反应堆容器是密闭的。一切相联的管道，其他各种容器也都是密闭的。这是第二道防线。整个的反应堆设备都安装在一座密闭的建筑物内，这是一座没有窗的房子，万一放射性物质冲破第一道和第二道防线外溢，这座没有窗户的房子（安全壳）就是最后的防线。

核电站反应堆发生事故时会大量释放放射性物质，安全壳作为最后一道核安全屏障，能防止放射性物质扩散污染周围环境。同时，也常兼作反应堆厂房的围护结构，保护反应堆设备系统免受外界的不利影响，它是一种体态庞大的特种容器结构。

◆三门核电站一号机组的安全壳开始从运输车上徐徐吊起

后石油时代的可替代能源——核能

中国核废料放在哪里？

◆沉入海底的核废料也有一定的风险

在裂变的过程中产生的长寿命的裂变元素，它们的放射性需要数万年才能衰减到对人类无害的程度。同时，它们含有毒性大的核素，例如10毫克钚可使一人致死。核废物的放射性分高、中、低三个水平，核电产生的低中放废物已有完善的处理、处置技术，但是高放射性废物处置还是一个世界性的难题，处理不好就会遗祸万年。

随着我国核电站数量的增加，产生的放射性废物也在不断增加。目前我国核电站每年产生150吨高放废物，到2010年高放废物的积存量达到1000吨。现在所有的高放射性核废料只能暂存在核电站的特设的水池中。如果不能及时建成核废料处置库，中国核工业将面临高放废物无处存放的境地。

◆装有核废料的金属罐

目前，国际上通常采用海洋和陆地两种方法处理核废料。一般是先经过冷却、干式储存，然后再将装有核废料的金属罐投入选定海域4000米以下的海底，或深埋于建在地下厚厚岩石层里的核废料处理库中。美国、俄罗斯、加拿大、澳大利亚等一些国家因幅员辽阔，荒原广袤，一般采用陆地深埋法。为了保证核废料得到安全处理，各国在投放时要接受国际监督。

低碳与新能源

 讲解——核电站是否会引起热污染？

◆核电站冷却塔

核电站和其他电站一样，要排出余热。不管是利用煤、太阳能等都是如此。现代的煤或油电站的效率可达40%，而核电站的效率目前只有33%。煤电站有15%的余热从烟囱排出，45%余热从冷却水排出。但是核电站67%的余热得从冷却水排走，排至河水或海水中。水温升高对水生生物有很大影响。水温太高会导致鱼类死亡，加速水藻生长和造成水中缺氧。美国多数州规定电站的余热排放不应使河水温度升高2℃。

从20世纪60年代后期起，热污染的问题引起了公众的普遍重视。建造冷却塔、人造冷却湖冷却池可以避免对自然水体的热污染。

 **拓展思考**

1. 核能发电的原理是什么？
2. 中国有几座核电站？分别是哪几座？
3. 哪个核电站是世界最大的核电站？它的总功率是多少？
4. 如何处理核废料？为什么说核废料有很大的污染？

后石油时代的可替代能源——核能

飞天遁海应用广——核动力

在茫茫宇宙深处,"旅行者1号"、"旅行者2号"飞船先后飞掠木星、土星,于1990年飞出太阳系,进入宇宙深处,继续它们无尽头的旅行。据计算,到公元4000年时,"旅行者1号"将从鹿豹座一颗恒星旁掠过。这两艘飞船的外表是个10棱柱体,顶部有一个直径为3.7米的圆形抛物面天线,还有两根鞭状天线。在它们的舱内有一张直径为30.5厘米的镀金铜唱片,它能在宇宙中保存10亿年。我们可能会有一些疑虑:这两艘飞船使用什么样的能源,居然能使这可以保存10亿年的唱片在宇宙深处持续工作,向"外星人"转达我们地球人的友好情意呢?这就是核动力。

◆核动力

 原理介绍

核电池的热源

核电池的热源是钚—238、锶—90、钴—60等放射性同位素。它们在蜕变过程中不断向外放出能量。这种很大的能量有两个令人喜爱的特点。一是蜕变时放出的能量大小、速度,不受外界环境的影响。另一个特点是蜕变时间很长,这决定了核电池可长期使用。

低碳与新能源

耐用的核电池

◆阿波罗11号上的放射性同位素装置是供飞船在月球表面上过夜时取暖用的，也就是说它仅仅用于提供热源

核电池又叫"放射性同位素电池"，它是通过半导体换能器将同位素在衰变过程中不断地放出具有热能的射线的热能转变为电能的装置。当放射性物质衰变时，能够释放出带电粒子，如果正确利用的话，能够产生电流。通常不稳定（即具有放射性）的原子核会发生衰变现象，在放射出粒子及能量后可变得较为稳定。核电池正是利用放射性物质衰变会释放出能量的原理所制成的，此前已经有核电池应用于军事或者航空航天领域，但是体积往往很大。

第一个核电池是在1959年1月16日由美国人制成的。它重1800克，在280天内可发出11.6度电。在此之后，核电池的发展颇快。1961年美国发射的第一颗人造卫星"探险者1号"，上面的无线电发报机就是由核电池供电的。1976年，美国的"海盗1号"、"海盗2号"两艘宇宙飞船先后在火星上着陆，在短短的5个月中得到的火星情况，比以往人类历史上所积累的全部情况还要多，它们的工作电源也是核电池。因为火星表面温度的昼夜差超过100℃，如此巨大的温差，一般化学电池是无法工作的。

大海的深处，也是核电池的用武之地。在深海里，太阳能电池根本派不上用场，燃料电池和其他化学电池的使用寿命又太短，所以只得派核电池去了。例如，

◆核电池应用在海底潜艇导航

后石油时代的可替代能源——核能

现在已用它作海底潜艇导航信标，能保证航标每隔几秒钟闪光一次，几十年内可以不换电池。人们还将核电池用作水下监听器的电源，用来监听敌方潜水艇的活动。还有的将核电池用作海底电缆的中继站电源，它既能耐五六千米深海的高压，安全可靠地工作，又少花费成本，令人十分称心。

在医学上，核电池已用于心脏起搏器和人工心脏。它们的能源要求精细可靠，以便放入患者胸腔内长期使用。以前在无法解决能源问题时，人们只能把能源放在体外，但连结体外到体内的管线却成了重要的感染渠道，很使人头疼。现在可好了，眼下植入人体内的微型核电池以合金做外壳，内装150毫克的钚—238，整个电池只

◆核电池的辐射远远小于原子弹爆炸的辐射

有160克重。它可以连续使用10年以上，如换用产生同样功率的化学电池，则重量几乎与成人的体重一样。

在气象卫星"雨云"号上也安装了放射性同位素电池。这种气象卫星环绕地球周围的轨道飞行，可以用来拍摄云图，或者对大气层和地球表面的地形进行勘察和调查。

 万花筒

微小的辐射量

国际放射防护委员会规定的允许辐射剂量为每人每年500毫雷姆。带夜光手表一年接受的辐射剂量为1毫雷姆；进行一次心肺透视为40毫雷姆。植入核电池的人体一年内所接受的辐射总剂量只相当于进行一次X光透视的剂量，这当然是十分安全的。

低碳与新能源

 广角镜——超薄的核电池

核能电池通常被应用在军事或航空航天技术上，不过通常体积较大。现在美国密苏里大学的研究小组对外宣称，外观仅有硬币大小，使用寿命可达普通电池100万倍的微型"核电池"已经被研发出来。

微型"核电池"使用某种液态半导体，在带电粒子通过时并不会对半导体造成损伤，所以他们得以

◆超薄核电池原型

进一步小型化电池。虽然人们总是闻"核"色变，但实际上核动力能源早就被应用在例如心脏起搏器、太空卫星和海底设备等多种安全供电项目上。由于对核能的忌惮，核电池一直被认为不适合民间使用。此次微型核电池的成功研制，无疑推动了核动力的普及，说不定不久的将来就会出现核动力笔记本、核动力台式机。

核动力潜艇

潜艇在第二次世界大战时期的使用经验暴露出传统柴/电混合动力潜艇的缺陷：

首先是水下续航时间过短。传统潜艇在水面下由电动马达驱动，潜航时间受到电池蓄电量的严重限制，必须在一段时间之后浮出水面充电，在充电的过程中非常容易遭到攻击。德国在二战末期引入了荷兰研发的呼吸管，但也仅能解决部分需求。

其次是航速（尤其是在水下）过慢。传统潜艇依靠电动马达输出的动力从水面下追随高速航行的水面船舰几乎

◆"核潜艇之父"——海曼·乔治·里科弗

后石油时代的可替代能源——核能

不可能，即使浮出水面以柴油引擎输出动力，也只能勉强追上航速较慢的水面船舰，而且这样一来潜艇在海水保护下潜伏作战的优势也不复存在。

因此，为了扩大潜艇的战术价值，大幅提高海面下持续操作时间，研发替代动力来源一直是潜艇研究的一个重要目标。

世界上第一艘核潜艇是由美国海军上将海曼·里科弗积极倡议并研制和建造的。他被称为"核动力海军之父"，1946年，以里科弗为首的一批科学家开始研究舰艇用原子能反应堆，也就是后来潜艇上广为使用的舰载压水反应堆。1947年，里科弗向美国海军和政府建议制造核动力潜艇。1951年，美国国会终于通过了制造第一艘核潜艇的决议。"鹦鹉螺"号核潜艇于1952年6月开工制造，1955年1月开始试行。到1957年4月止，"鹦鹉螺"号在没有补充燃料的情况下持续航行了11万余千米，其中大部分时间是在水下航行。1958年8月，"鹦鹉螺"号从冰层下穿越北冰洋冰冠，从太平洋驶进大西洋，完成了常规动力潜艇所无法想象的壮举。此后，美国宣布不再制造常规动力潜艇。

◆水面转向中的"鹦鹉螺"号

◆"鹦鹉螺"号下水纪念封

核潜艇虽然先进，但也存在着技术复杂、只适合在深海使用等弱点，所以迄今世界上只有五个核潜艇大国。

141

低碳与新能源

知识库——早期核潜艇与现代核潜艇的区别

◆英国前卫级战略核潜艇排水量为1.6万吨，长149.9米，宽12.8米，最大潜水深度为350米，可一次连续巡航90天

早期的核潜艇均以鱼雷作为武器。以后由于导弹的发展，出现携带导弹的核潜艇。核潜艇安上导弹之后，便出现了两种类型：一类是以近程导弹和鱼雷为主要武器的攻击型核潜艇；另一类是以中远程弹道导弹为主要武器的弹道导弹核潜艇（又称战略核潜艇）。攻击型核潜艇主要用于攻击敌水面舰艇和潜艇，同时还可担负护航及各种侦察任务。弹道导弹核潜艇则是战略核力量的一次重要的转移。在各种侦察手段十分先进的今天，陆基洲际导弹发射井很容易被敌方发现，弹道导弹核潜艇则以高度的隐蔽性和机动性，成为一个难以捉摸的水下导弹发射场。

强劲动力——核动力火箭

核火箭的设想最早由美国核科学家乌拉姆提出，利用核聚变使一颗颗小型原子弹在飞船尾部相继爆炸而产生推力。若每颗原子弹的爆炸当量为1000吨三硝基甲苯（TNT），估计爆炸50颗原子弹后飞船速度可达12千米/秒。20世纪50年代末，美国核科学家泰勒提出了类似的"猎户座"计划，每颗原子弹的爆炸当量为2000吨三硝基甲苯，爆炸50颗后飞船的最大速度可达70千米/秒。

由于核燃料体积小、发热量大，核火箭可做到重量轻、体积小，化学燃料火箭根本不能与它抗衡。

国外研究得比较多的核火箭发动机叫等离子挤压式核发动机。它的心脏也是一个核反应堆，但反应堆不是用来供热，而是用来供电的。启动

后石油时代的可替代能源——核能

时，先向 Y 型真空室注入推进剂（如液氢），接着马上将两端封闭起来，并接通电流，使推进剂加热到 70 万度摄氏。这时推进剂已成为高温等离子体，它在电磁力的推动下，从火箭尾部喷出。由于喷出的等离子体可达极高速度（甚至接近光速），因此可以将火箭加速到星际航行所要的速度。

1958 年开始的核动力火箭计划，该计划被用于发射大型载人行星际探索船，可以用 125 天飞到火星，用 3 年时间飞到土星。猎户座火箭使用核裂变脉冲推进，简单来说就是用一连串核弹爆炸来推进。猎户座计划中的太空船携带数千枚小型核弹，当飞船需要动力时，宇航员就从船尾释放出一颗核弹，接着再释放出一些由含氢塑胶制成的固体圆盘，当飞船驶出一定距离，核弹将在飞船后面爆炸，蒸发掉塑胶圆盘，将其转化成高热的等离子浆。这些等离子浆会向四面八方冲击扩散，其中一些将会追上太空飞船，撞击

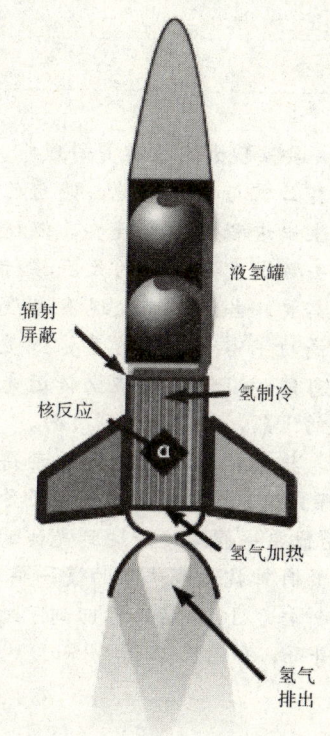

◆核火箭发动机原理图

太空飞船尾部巨大的金属推进盘，从而推动太空飞船高速行驶。然而，它却有一个最大的弱点，那就是它依赖于原子弹爆炸作动力，当它飞出大气层时，必将释放出核辐射污染地球环境。这也正是"猎户座计划"后来胎死腹中的原因之一。1965 年，"猎户座计划"研究终止。至今天，猎户座计划还没有完全解密。

◆最暴力的太空计划——猎户座核火箭

低碳与新能源

 广角镜——飞船接近光速的后果

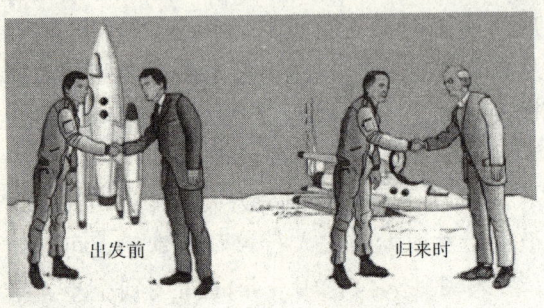

◆时间膨胀的结果

要实现太空旅游美好理想，人类必需与时间赛跑，使自己的生命进程变得更慢些，以适应去数十光年以外的天涯旅行的需要。当然，乘坐现有速度不高的宇宙飞船作这番旅行是不可能的。但要是乘坐接近光速的飞船，就可能达到目的。

狭义相对论认为你运动得越快，时间过得越慢。但这种效果只有在速度接近于光速时才能够看到。假设你今年25岁，并有一位双胞胎弟弟，他留在地球上而你乘一艘速度能达到光速的90%的飞船离开地球。由于你的速度太快，飞船里的时钟就比地球上的慢一半。这样就延长了你的时间，叫做时间膨胀。当你的时钟转了10年后，你回到了地球。这时你35岁，但迎接你的却是你45岁的孪生哥哥，如图。

 **拓展思考**

1. 第一个核电池是由哪个国家研制成功？
2. 核电池有什么用途？它有什么特点和优点？
3. 世界上第一艘核潜艇在哪一年建成？
4. 核动力火箭有什么特点？

后石油时代的可替代能源——核能

引爆高能量——核聚变

世界面临着三个相互联系的主要问题：自然资源短缺（主要指能源、粮食和水）、人口增长迅速、环境污染生态破坏。而严重的问题是潜在的能源短缺，因为能源是满足人类一切物质需要的基础，是衣、食、住、行和娱乐的基本保障。全球性能源短缺，石油价格不断攀升，正在迫使世界各国寻找新的能源途径，其中核能利用是许多国家高度重视的领域。一提到核能，我们马上就会想到令人恐怖的原子弹和核辐射。然而，也有不少核反应是"干净"的，激光引发的核聚变就是其中一种。

◆中国第一颗氢弹爆炸场景

什么是核聚变？

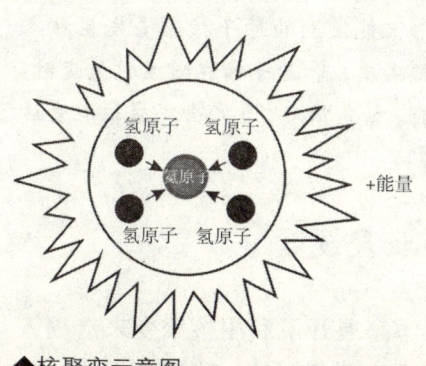

◆核聚变示意图

我们知道，原子核除了能裂变外，还能聚变。自然界中，太阳内部的温度高达摄氏1千万度以上，在那里就进行着大规模的聚变反应。太阳辐射出的光和热，正是由聚变反应释放的核能转化而来的。可以说，地球上的人类每天都享用着聚变释放出的能量。激光核聚变就是利用激光照射核燃料使之发生核聚变反应。20世纪50年

低碳与新能源

代,科学家首次用氢的同位素氘和氚的聚合反应制造出氢弹。由于激光核聚变与氢弹的爆炸在许多方面非常相似,所以,20世纪60年代,当激光器问世以后,科学家就开始致力于利用高功率激光使聚变燃料发生聚变反应,以研究核武器的某些重要物理问题。

> 目前人类已经可以实现不受控制的核聚变,氢弹是靠原子弹爆炸产生的高热来触发的。科学家正努力研究如何控制核聚变。

目前,核聚变反应的燃料是氢的同位素氘和氚。要实现核聚变不是一件容易的事,它需要近亿度的高温,用常规的加热方法是无法达到的,最初只有原子弹爆炸时可以达到这个温度。

 链接:核裂变反应原理

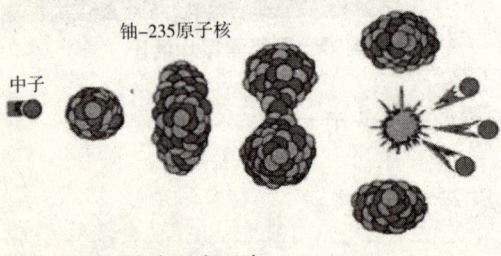

◆核裂变及链式裂变反应

一个原子核分裂成几个原子核的变化。只有一些质量非常大的原子核像铀、钍等才能发生核裂变。这些原子的原子核在吸收一个中子以后会分裂成两个或更多个质量较小的原子核,同时放出两个到三个中子和很大的能量,又能使别的原子核接着发生核裂变……使过程持续进行下去,这种过程称作链式反应。原子核在发生核裂变时,释放出巨大的能量称为原子核能,俗称原子能。1克铀-235完全发生核裂变后放出的能量相当于燃烧2.5吨煤所产生的能量。

激光"引爆"核聚变

除了继续研究用作武器的氢弹外,科学家展开了利用核聚变来造福人类的研究。显然,用原子弹引发的核聚变是不可控制的,我们还无法处理

后石油时代的可替代能源——核能

和利用瞬间产生的高能量，因而无法用来发电。要和平利用核聚变，就得使聚变反应可控地、缓缓地进行。因此，科学家想通过控制氘或氚的聚变反应的速度，来利用核聚变释放的能量。

人工控制的持续核聚变反应可分为磁约束核聚变和惯性约束核聚变两大类。后者又可分为激光核聚变、粒子束核聚变和电流脉冲核聚变。激光技术的发展，使可控核聚变的"点火"难题有了解决的可能。

◆氢核聚变为氦核反应的前后要损失质量

激光核聚变在军事上的重要用途之一是发展新型核武器，特别是研制新型氢弹。因为通过高能激光代替原子弹作为氢弹点火装置实现的核聚变反应，可以产生与氢弹爆炸同样的等离子体条件，为核武器设计提供物理学数据、检验有关计算程序，进而制造出新型核武器，成为战争的新的"杀手"。

一旦激光核聚变技术成熟，制造干净氢弹的成本将是比较低的。这是因为不仅核聚变的燃料氘几乎取之不尽，而且，激光核聚变还能使热核聚变反应变得更加容易。通过激光核聚变，可以在实验室内模拟核武器爆炸的物理过程及爆炸效应，模拟核武器的辐射物理、内爆动力学等，为研究核武器物理规律提供依据，这样就可以在不进行核试验的条件下，继续拥有安全可靠的核武器，改造现有核弹头，并保持核武器的研究和发展能力。此外，激光核聚变还具有可多次重复、便于测试、节省费用等优点。

> 科学家开始致力利用高功率激光引发核聚变试验。目前，激光器的最大输出功率达100万亿瓦，足以"点燃"核聚变。

低碳与新能源

"干净"的氢弹

采用激光作为点火源后,高能激光直接促使氘氚发生热核聚变反应。这样,氢弹爆炸后,就不产生放射性裂变产物,所以,人们将利用激光核聚变方法制造的氢弹称为"干净的氢弹"。传统的氢弹属于第二代核武器,而"干净的氢弹"则属于第四代核武器。

小太阳——激光核聚变装置

◆美国国家点火装置实验室位于加利福尼亚

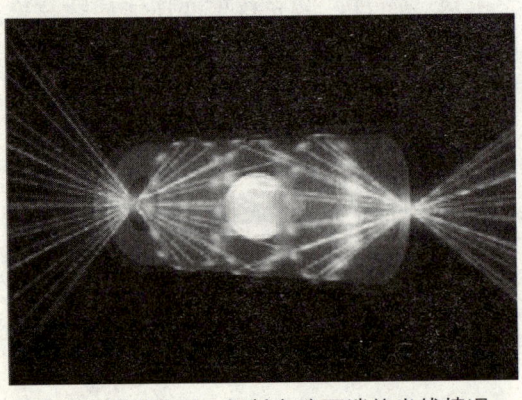

◆激光照射球芯时,辐射空腔两端的光线情况

在美国旧金山利弗莫尔国家实验室,这里有美国政府投入了总额为30亿美元的激光核聚变设施"国家点火装置",它的作用使氢原子发生核聚变而产生一个小太阳,理论上将带给我们一个无尽的能源的来源。

这一切开始于一束激光,这束激光被分割为48束,接着这些激光束被反射镜引导进入放大器(在进入放大器之前将被总计为7689个氙闪光灯所激励),之后经过4次反射,通过整个设备(有3个足球场大小)后进一步被分成192束。经过了那些似乎没有终点的管道后,这些激光被以指数级别地放大。

结果从一束十亿分之一焦

后石油时代的可替代能源——核能

耳的激光,经过美国国家实验室的科技人员利用这些设施变成了"总计为180万焦耳的紫外线辐射能量"。也就是说相当于美国的所有发电厂发电量的1000倍,5兆瓦特。

辐射出的激光能量达到5兆瓦,这个数据是美国一年发电厂发电量的1000倍。

这个激光将用来压缩上图这样的一个豌豆大小的氘—氚粒状物,粒状物被封入一个镀金圆筒。然后将这个镀金圆筒安装在直径为96厘米的称为黑体辐射空腔的靶室中央,192条激光束聚焦在这个镀金圆筒上,并生成极强的X射线,在高温和辐射的作用下,粒状物将转化为等离子体,且压力不断升高,直至发生聚变。核聚变反应寿命很短,大约只有百万分之一秒,但它释放的能量是引发核聚变所需能量的50到100倍。在这种类型的反应堆中,需要相继点燃多个目标,才能产生持续的热量。

紧跟世界的研究步伐

由于激光核聚变具有非常重要的意义,世界各国都在加紧研究,并展开激烈的竞争。这里所介绍的是国际上几种有代表性的激光核聚变装置。

【托卡玛克核聚变】

早期比较有希望的一种激光核聚变装置是由原苏联发明的,称为托卡玛克。同一时期,美国也在研究类似的系统。

托卡玛克具有环形结构,工作时,有20束激光同时照射填充氢同位素靶的中心,其中

◆托卡玛克结构

10束从装置上方入射,另外10束则来自底部。要求用3万升/分流量的水加以致冷。这属于间接驱动方式。由美国能源部投资2.84亿美元建造的类

低碳与新能源

◆神光Ⅰ号

◆神光Ⅱ号装置激光主放大系统

似系统从1982年开始在普林斯敦大学运转。

20世纪80年代中期，美国国家实验室建造了一个称为诺瓦的装置。用钕玻璃固体激光的3倍频率作点火光源，波长351纳米，脉冲能量45千焦，脉宽2.5×10^{-9}秒（因而峰值功率为1.8×10^{13}瓦）。该装置全长66米，靶室长30米，1.8米厚的混凝土墙壁保护工作人员免受激光冲击波的烧灼。

【中国惯性约束核聚变研究】

我国著名物理学家王淦昌院士1964年就提出了激光核聚变的初步理论，从而使我国在这一领域的科研工作走在当时世界各国的前列。1974年，我国采用激光驱动聚氯乙烯靶发生核反应，并观察到氘氘反应产生的中子。此外，著名理论物理学家于敏院士在20世纪70年代中期就提出了激光通过入射口、打进重金属外壳包围的空腔、以X光辐射驱动方式实现激光核聚变的概念。1986年，我国激光核聚变实验装置"神光"研制成功，聂荣臻元帅还专门写信祝贺。

中国于20世纪80年代较早时候研制成功国内当时功率最高的钕玻璃固体激光器，即被称为"神光Ⅰ号"的装置。

1993年，经国务院批准，惯性约束核聚变研究在国家863高技术计划中正式立项。从而推动了中国这一领域工作更迅速地发展。首先表现在，由中国科学院和中国工程物理研究院联合研制的功率更高的神光Ⅱ号固体激光器问世，它在国际上首次采用多项先进技术，成为我国第九个和第十个五年计划期间进行惯性约束核聚变研究的主要驱动装置。另一方面，比神光Ⅱ号技术更先进、规模更大的新一代固体激光器的设计工作已经开

后石油时代的可替代能源——核能

始,有关的多项单元技术已取得显著进展,一些重要技术达到国际水平。此外,作为另一种可能的驱动源,氟化氪准分子激光器的研究也取得重大进展。

中国激光领域的广大科技工作者将发扬艰苦奋斗的精神,最终实现惯性约束核聚变的点火燃烧,建成聚变核电站,为中国经济发展和人民生活提供最理想的能源。

 万花筒

准分子激光器

以准分子为工作物质的一类气体激光器件。常用相对论电子束(能量大于200千电子伏特)或横向快速脉冲放电来实现激励。当受激态准分子的不稳定分子键断裂而离解成基态原子时,受激态的能量以激光辐射的形式放出。

 广角镜——激光核聚变火箭

如果受控核聚变技术能够实现,并且可以小型化,那么也可以用核聚变反应堆当作火箭动力。由于核聚变产生的能量远远大于核裂变,相同质量的核聚变燃料能够运行更长时间,并能把火箭加速到每秒100千米以上。目前,用激光束照射核燃料,使之在燃烧室内发生核聚变反应的实验已接近成功。这种激光核聚变反应堆不需要大尺寸的约束腔容纳反应物,也不需要外加强磁场,小型化的前景比较好。因此,或许我们可以期待采用这种原

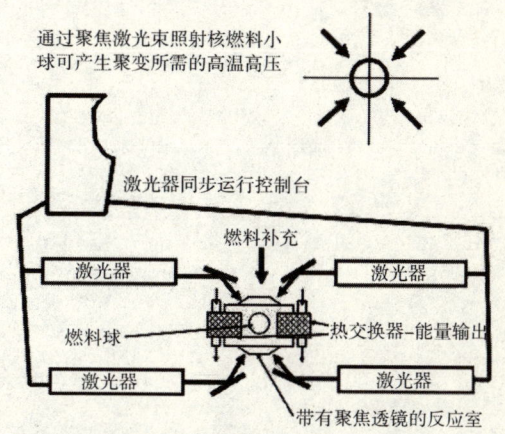

◆激光核聚变示意图

低碳与新能源

理的聚变核火箭出现。此外，对于采用磁约束达到高温的"托卡玛克"装置的研究最近也取得了较大进展。虽然这一装置较庞大，而且需要超导磁体来产生强磁场，但如果是用于几千吨级或更加庞大的星际飞船，也是可以考虑的，它的好处是易于长时间高负荷连续工作，因为在激光核聚变堆中，燃料小球烧完后必须停止工作才能重新装填。

1. 什么是核聚变？
2. 激光核聚变装置和普通的核聚变装置有什么区别？
3. 国际上有哪几种有代表性的激光核聚变装置？
4. 核动力火箭的工作原理是什么？

节能与发展同追求

——节能新科技

工业革命以来，世界各国尤其是西方国家经济的飞速发展是以大量消耗能源资源为代价的，并且造成了生态环境的日益恶化。有关研究表明，过去50年全球平均气温上升的原因，90%以上与人类使用石油等燃料产生的温室气体增加有关，由此引发了一系列生态危机。节约能源资源，保护生态环境，已成为世界人民的广泛共识。保护生态环境，发达国家应该承担更多的责任。发展中国家也要发挥后发优势，避免走发达国家"先污染、后治理"的老路。对于我国来讲，进一步加强节能减排工作，既是对人类社会发展规律认识的不断深化，也是积极应对全球气候变化的迫切需要，是树立负责任的大国形象、走新型工业化道路的战略选择。

节能与发展同追求——节能新科技

节能可以很简单——节能从灯开始

两百年前爱迪生发明了电灯,给黑夜带来了光明。随着科技的发展,两百年后的今天,人们不再单单使用炭化竹丝灯芯,我们使用钨丝灯、日光灯、节能灯和LED灯,甚至还出现了太阳能灯、重力发电的节能灯。灯的世界精彩纷呈,让我们一起去看看。

早期节能灯——日光灯

日光灯的样子:细细的,长长的,不像有些灯泡是圆形的。人们对它再熟悉不过,几乎每户人家里都有日光灯。但是你知道它的工作原理吗?

日光灯管两端装有灯丝,玻璃管内壁涂有一层均匀的薄荧光粉,管内被抽成真空度$10^{-3}\sim10^{-4}$毫米汞柱以后,充入少量惰性气体,同时还注入微量的液态水银。电感镇流器是一个铁芯电感线圈,电感的性质是当线圈中的电流发生变化时,则在线圈中将引起磁通的变化,从而产生感应电动势,其方向与电流的方向相反,因而阻碍着电流变化。

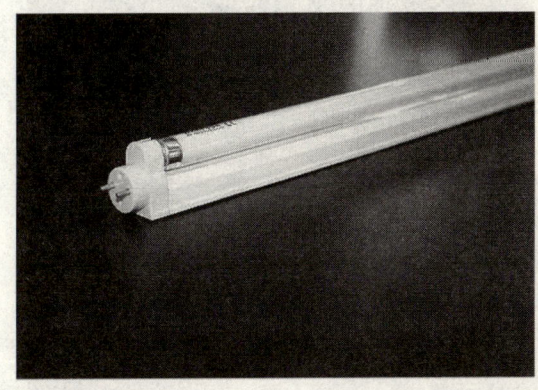

◆普通日光灯管

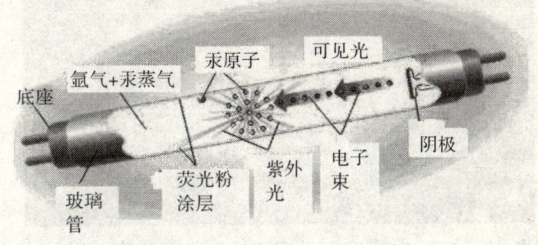

◆日光灯结构图

灯管开始点燃时需要一个高电压,正常发光时只允许通过不大的电流,这时灯管两端的电压低于电源电压。它不含红外线,所以它的光是很

低碳与新能源

温和的，不伤眼睛；比较省电；它也会发出许多美丽有色的光。这就是由荧光粉里所含的化学品的性质来定了，例如涂上钨酸镁的发蓝白色光，涂上硼酸镉的发淡红色光。

动动手——让日光灯发光

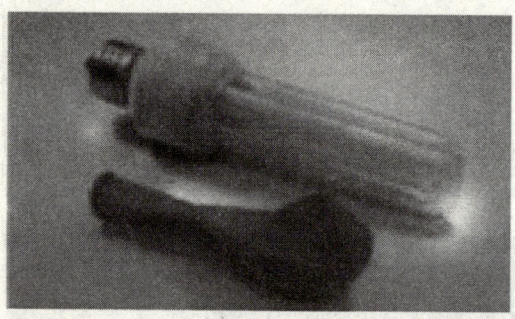

◆实验器材

◆灯泡灯丝的温度可达到2000多摄氏度

【实验准备】：气球，日光灯管

【动作操作】：1. 将气球充满气，然后扎紧气球。2. 在黑暗的房间里，用气球在日光灯管上反复摩擦。

【情景展示】：不一会儿，灯管开始发光，而且亮光随着气球的移动而移动。

【原理解释】：日光灯管里充入了水银蒸气。气球摩擦灯管时产生电荷，水银蒸气在电的作用下发射出紫外线，灯管壁上的荧光物质吸收紫外线后，发出和日光很像的可见光。这种光属于冷光，几乎不带热量。这就是日光灯的原理。灯泡中有一条很细的金属灯丝。当电流通过灯丝时，灯丝温度升得很高，才能发出光来，所以非常热。

【拓展思维】：你知道耐高温的钨丝吗？钨丝是很难熔化的金属，熔点高达3380℃，所以，电灯泡的灯丝是用钨丝做成的。

节能与发展同追求——节能新科技

又亮又省电的灯——节能灯

节能灯的正式名称是稀土三基色紧凑型荧光灯，20世纪70年代诞生于荷兰的飞利浦公司。

节能灯主要是通过镇流器给灯管灯丝加热，大约在1160开温度时，灯丝就开始发射电子（因为在灯丝上涂了一些电子粉），电子碰撞氩原子产生非弹性碰撞，氩原子碰撞后获得了能量又撞击汞原子，汞原子在吸收能量后跃迁产生电离，发出253.7纳米的紫外线，紫外线激发荧光粉发光。由于荧光灯工作时灯丝的温度在1160开左右，比白炽灯工作的温度2200～2700开低很多，所以它的寿命也大大提高，达到5000小时以上。由于它不存在白炽灯那样的电流热效应，荧光粉的能量转换效率也很高，达到每瓦50流明以上。

◆节能灯管

一般来说，在同一瓦数之下，一盏节能灯比白炽灯节能80%，平均寿命延长8倍，热辐射仅20%。

节能灯除了白色（冷光）的外，现在还有黄色（暖光）的。一般来说，在同一瓦数之下，一盏节能灯比白炽灯节能80%，平均寿命延长8倍，热辐射仅20%。非严格的情况下，一盏5瓦的节能灯光照可视为等于25瓦的白炽灯，7瓦的节能灯光照约等于40瓦的，9瓦的约等于60瓦的。

广角镜——窗玻璃变身为电灯

◆未来的玻璃能用来发光

◆500瓦染料电池示范电站

不用插头,房间内的灯光照明和空调的动力,能依靠窗户玻璃来供应。这个神奇的场景已经在2010年实现。

目前,中国正在大力发展清洁能源,人们对太阳能发电寄予厚望,但相对而言,目前普遍采用的多晶硅系列太阳能电池资源相对不足,并且造价相对比较昂贵。一直以来,科学家们在寻找新的材料进行有效的光电转换。目前,除了以多晶硅为原材料的光伏电池外,由瑞士科学家发明的染料光敏化太阳能电池技术,被认为是一种新的光伏技术前景。

这是一种新型的光敏有机染料,被特殊处理后,可以被压扁"藏"在玻璃的中间。加入"柔软"的电解液等多种物质,可以进行有效氧化还原反应,使得光能转换成电能。由于原材料易得,其成本将比多晶硅太阳能电池低2~3倍。另外,硅系列太阳能电池是非透明的,因此大多被用于屋顶。而染料光敏化太阳能电池由于可"隐身"在透明玻璃中,不影响人们白天享受阳光。

节能新天使——LED灯

50多年前人们已经了解半导体材料可产生光线的基本知识,第一个商用二极管产生于1960年。LED是英文light emitting diode(发光二极管)的缩写,它的基本结构是一块电致发光的半导体材料,置于一个有引线的

节能与发展同追求——节能新科技

架子上,然后四周用环氧树脂密封,起到保护内部芯线的作用,所以 LED 的抗震性能好。

发光二极管处于正向工作状态时(即两端加上正向电压),电流从 LED 阳极流向阴极时,半导体晶体就发出从紫外到红外不同波长的光线,光的强弱与电流有关。

◆绚丽的 LED 灯

最初 LED 用作仪器仪表的指示光源,后来各种光色的 LED 在交通信号灯和大面积显示屏中得到了广泛应用,产生了很好的经济效益和社会效益。以 30.48 厘米的红色交通信号灯为例,在美国本来是采用长寿命、低光效的 140 瓦白炽灯作为光源,它产生 2000 流明的白光。经红色滤光片后,光能损失 90%,只剩下 200 流明的红光。而在新设计的灯中,Lumileds 公司采用了 18 个红色 LED 光源,包括电路损失在内,共耗电 14 瓦,即可产生同样的光效。

◆为了节约能源,许多街道的路灯已经换上 LED 灯

汽车信号灯也是 LED 光源应用的重要领域。1987 年,我国开始在汽车上安装高位 LED 刹车灯。另外,LED 灯在室外红、绿、蓝全彩显示屏,匙扣式微型电筒等领域都得到了应用。LED 使用低压电源,供电电压在 6~24 伏之间,根据产品不同而异,所以它是一个比使用高压电源更安全的光源,特

由于 LED 响应速度快(纳秒级),可以及早让尾随车辆的司机知道行驶状况,减少汽车追尾事故的发生。

低碳与新能源

别适用于公共场所。它消耗能量较同光效的白炽灯减少80％。LED灯非常稳定，寿命有10万小时。

 万花筒

LED 照明灯

美国洛杉矶的 Vincent Thomas 大桥，它是当今世界上少数通过用 LED 来照亮的桥梁。整座大桥共有 160 个 LED 灯具，每个 LED 灯具仅有 20 瓦，但是它的光输出却相当于一个 150 瓦的白炽灯的输出量。

 广角镜：新型能源的灯——重力灯

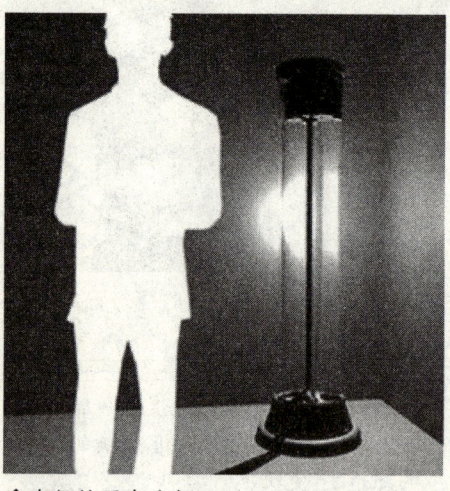

◆有趣的重力电灯

"重力电灯"依靠重力产生电力，其亮度相当于一个12瓦的日光灯，使用寿命可以达到200年。它的发明者是来自美国弗吉尼亚州的克雷·毛尔顿，2007年在弗吉尼亚科技大学获得了硕士学位。他把这种使用发光二极管制成的灯具命名为"格拉维亚"，它事实上是一个高度略大于4英尺（约1.21米）、由丙烯酸材料做成的柱体。这种灯具的发光原理是：灯具上的重物在缓缓落下时带动转子旋转，由旋转产生的电能将给灯具通电并使其发光。

这种灯具的光通量为600至800流明（相当于一个12瓦日光灯的亮度），持续时间为4小时。要打开灯具，操作者只需将灯上的重物从底端移到顶部，将其放进顶部的凹槽里。让重物缓缓下降，只需几秒钟，这种发光二极管灯具即被点亮。

节能与发展同追求——节能新科技

现代住宅新标杆——零能耗房屋

其实,家庭想要高效节能并不一定非要建造所谓的"零碳房"。一种更好、更经济的方式就是对现有住房进行"经济"修缮,以减少温室气体排放量。德国人正在通过"零能耗房屋"运动,引领绿色建筑的潮流,旨在将温室气体排放量缩减80%到90%。美国能源部目前也正在大力推广"零能耗房屋"新技术。通过改进建筑设计和材料,美国房屋能耗已比1980年减少了30%。

◆节能房屋

"零能耗房屋"有室内温度变化小、不怕停电、节约能源和减少污染等优点。该技术视房屋为一个诸多元件协作运转的整体,旨在通过最佳整体设计、利用最先进的建筑材料以及已上市的节能设备,达到房屋所需能源或电力100%自产的目标。

第一座"零排放"房屋

英国日前揭开了第一座"零排放"房屋的神秘面纱,它将为未来建设的所有新住宅设立环保标准。

这座住宅有两个卧室,采用超绝缘材料,防止热量流失率比正常住宅高出60%。另外还安装了太阳能电池板、生物能锅炉和雨水回收器等节水装置。这一零排放住宅设计在沃特福德的2007年Offsite展览上揭开了神

低碳与新能源

◆"零排放"房屋外观

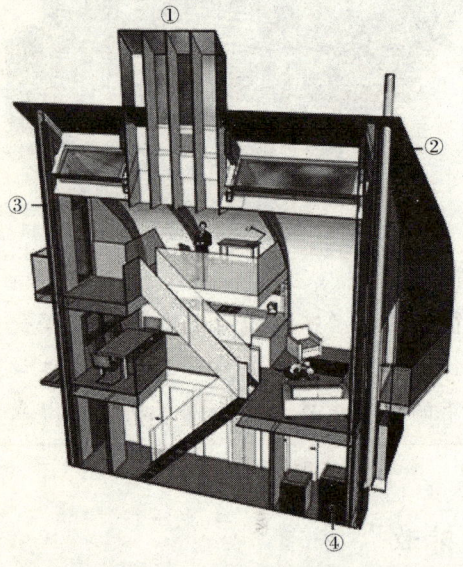

◆第一个零排放的房子内部构造（①风斗：在夏日提供制冷和通风。②屋后太阳能电池板：提供热水和发电。③墙体采用超绝缘材料：防止热量流失。④生物质能锅炉）

秘面纱，符合英国政府将于2016年实行的旨在使英国住宅更节能的法规。

Kingspan公司的Off-Site灯塔房屋设计是第一座满足可持续性住宅法规六级标准的顶级房屋，这意味着这座房屋属于"碳中和"住宅。目前在英国，住宅二氧化碳排放量占到全国二氧化碳排放总量的四分之一。

英国财政大臣戈登·布朗于2009年3月在预算报告中宣称，政府将免除二氧化碳零排放住宅的印花税。英国广播公司科技记者罗利·塞兰－琼斯表示，Kingspan公司的住宅是第一座满足英国六级标准的住宅。他说："Kingspan公司设计的住宅能源完全实现了自给自足，你外出度假时，可以把家中发电当礼物送给国家电网。该公司宣称，这种住宅每年能量支出只有31英镑，而这等规模的标准新家则需要500英镑。"

尽管新型房屋的价格并非高不可攀，但是，不得不承认这一住宅的建造成本比标准住宅高出40%。即便如此，设计公司的房屋设计师依旧相信，一旦更多的新型住宅拔地而起，房屋价格自然会降下来。

节能与发展同追求——节能新科技

原理介绍

如何做到零耗能？

零排放住宅采用超绝缘体来防止热量散失，并采用现代绿色技术为自身供电供热，如燃烧木炭等有机燃料的生物能锅炉。这种房屋之所以被列为零排放，原因就在于焚烧阶段产生的二氧化碳被燃料作物生长期间所吸收的二氧化碳数量所抵消。其他一些节能措施还包括废物分离装置，燃烧可燃废物，转换为电力。

讲解——节能房是长远投资

也许有人认为，房子便宜就行，节不节能不重要。但实际上，你买了高能耗的房子相当于给自己背上了一生的负担。长远眼光来看，节能的住宅将为居住者大大节约居住成本。就北方来说，四季之中冬夏两季是最需要能源来维持房间正常温度的，空调、暖气以及五花八门的采暖制冷设施在这两季中消耗掉了大量能源。此时，居住在保温隔热性能优

◆节能从点滴做起

良的房子里，对空调和暖气的依赖就会大大降低。有关专家算过一笔账，买低能耗的房子是划算的。尽管增加外保温以及外窗品质等手段会增加一定的建造成本，但比起长久生活在节能房屋里节约的能源投入是微乎其微的。因为，买房初始投资大约占房屋居住整体费用的1/3，并且相对固定，而之后相当长的时间里水电气等能源以及维护方面的费用达到房屋终生费用的2/3，可见，节能的房屋节约的是后面这大比例的居住成本。

低碳与新能源

将节能进行到底

◆屋内 LED 节能灯

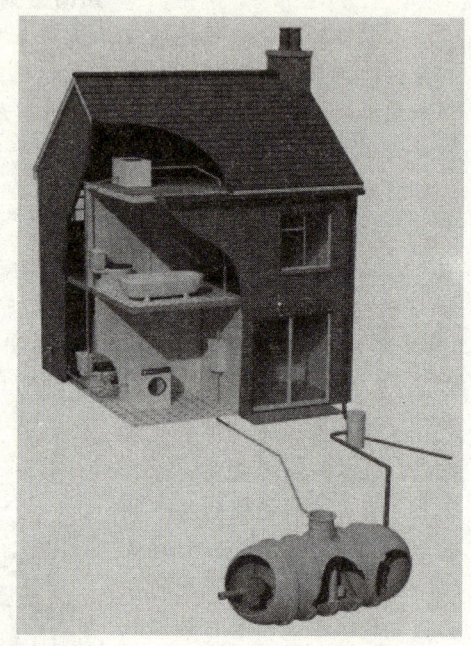

◆零碳屋内的雨水收集系统示意图

在全球二氧化碳排放居高不下、温室效应逐渐加剧的今天，多建造一座"零碳"屋，就多给未来预留一片蓝天和一点绿色的希望。

在苏格兰最北端的安斯特，退休的迈克尔夫妇在这里筑造了他们的环保梦想——一座完全由风力和太阳能提供能源的"零碳屋"。这座环保样本房，融合了太阳能电池板及热能循环系统等最新环保科技。最便利的是，这座房屋的墙壁、楼板，甚至是整体的洗手间，都在工厂里制造完工，只需运到建筑地点安装起来即可，建这样一座房子只需要4天时间。

他们的生活被环保主义者奉为"绿色生活"的典范：房屋的能源供应都来自于可再生能源，所有的食物由自己耕种，外出的代步工具也是一辆经过改造的燃料电池汽车，真真正正地做到了二氧化碳的"零排放"。

在迈克尔眼里，安斯特岛上强烈的阳光和常年大风就是"无穷无尽的能源"。他为房屋安装了一部风力涡轮机，将风能储存在燃料电池里，电

节能与发展同追求——节能新科技

池足够木屋四天的能源需求,冰箱、炊具、洗碗机、电脑和电灯的使用都不成问题。雨水被收集起来冲厕所或洗衣服,一间三面玻璃的太阳能室可以吸收太阳能,还是享受日光浴的好场所。

木屋外表普通,却融入了降低碳排放的先进科技。安装在地下的暖气系统自动收集室外和地面的热量,并将热量储存在一块大型的"水电池"中,给房屋提供热能。室内的通风系统还能将屋内的热量和废气收集起来循环利用,即使冰天雪地,室内也是温暖如春。

为实现食物的自给自足,迈克尔还为房子设计了一个"温室",种植蔬菜水果等。这栋"零碳屋"的造价约为21万英镑,但聪明的迈克尔说服了建筑商、银行甚至原材料供应商为他的实验提供赞助。为了这栋零碳屋,迈克尔夫妇已经等待了24年,如今他们的小木屋能抗击时速170千米的飓风。

趣闻趣事:史上第一所会走路的房子

史上第一所会走路的房子在美国马萨诸塞州诞生。这所房子高3米左右,有6条液压"腿",能够平稳地行走在任何地形。房子里面的设计与正常的房子没什么区别,配有卧室、厨房、洗手间、床和炉子等,还安装了太阳能和风能设备。

来自丹麦的设计师海伦·罗宾逊等人与美国马萨诸塞州的工程师合作建造了这所会走路的房子。"设计这所房子的目的主要是为了抗洪

◆会走路的房子

水。"罗宾逊说,"房子能走路的诀窍在于一台大型计算机控制了那6条'腿'。这不仅仅是一辆大篷车,人们可以在里面住上几年。"

房子造价3万英镑,设计者表示日后可能会更加便宜,而且这所房子说不定可以缓解土地使用的压力。

低碳与新能源

更快、更强、更清洁——磁流体发电

◆传统的火力发电厂通过燃料产生蒸汽，再带动发电机产生电能

我们知道，在水力发电厂里，是利用水流的力量推动发电机涡轮进行发电；在火力发电厂里，通过燃料燃烧，将锅炉里的水变成水蒸气，再利用水蒸气的力量带动发电机发电。传统的发电机，都是利用线圈相对磁场转动来发电，因为线圈相对磁场运动时，它两侧不断地切割磁力线，线圈中就会产生感应电流。而磁流体发电，则是将带电的流体（离子气体或液体）以极高的速度喷射到磁场中去，利用磁场对带电的流体产生的作用，从而发出电来。

磁流体发电发展简史

1832年法拉第首次提出有关磁流体力学问题。他根据海水切割地球磁场产生电动势的想法，测量泰晤士河两岸间的电位差，希望测出流速，但因河水电阻大、地球磁场弱和测量技术差，未达到目的。1937年哈特曼根据法拉第的想法，对水银在磁场中的流动进行了定量实验，并成功地提出黏性不可压缩磁流体力学流动（即哈特曼流动）的理论计算方法。

◆法拉第（1791～1867年），英国物理学家

节能与发展同追求——节能新科技

1940~1948年阿尔文提出带电单粒子在磁场中运动轨道的"引导中心"理论、磁冻结定理、磁流体动力学波（即阿尔文波）和太阳黑子理论，1949年他在《宇宙动力学》一书中集中讨论了他的主要工作，推动了磁流体力学的发展。

1959年，美国阿夫柯公司建造了第一台磁流体发电机，功率为115千瓦。美苏联合研制的磁流体发电机U-25B在1978年8月进行了第四次试验，共运行了50小时。目前许多国家正在致力于磁流体发电机的研究。

◆太阳巨大的热能和地球磁场之间形成阿尔文波

燃烧矿物燃料的开环磁流体发电是主要研究方向，技术上最先进的磁流体发电装置是莫斯科北郊的U-25装置。它是一个用天然气作燃料的开环装置，已经发出20.5兆瓦的额定功率，并且送入莫斯科电网。俄罗斯正在建造75兆瓦磁流体——蒸汽联合循环发电的试验电站，还计划建造580兆瓦的磁流体发电站。美国成功地验证了直接燃煤的磁流体发电装置。由阿夫柯·埃夫勒特研究所研制的18兆瓦磁流体发电机已经为空军阿诺德试验中心的风洞提供电力。日本一台具有5特斯拉磁场的超导磁体试验性磁流体发电装置已在运行。英国、法国、中国等国也都开展了研究工作。

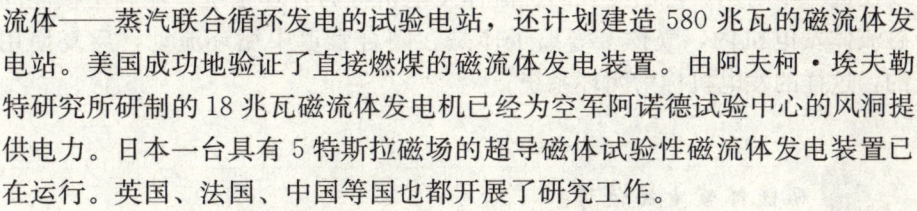

中国与美国合作，1984年成功地进行了一座小型磁流体——蒸汽动力联合循环模拟电站的试验。

磁流体发电原理透析

磁流体发电机的主要结构包括燃烧室，磁场线圈，发电通道和负载等。磁流体发电中的带电流体，是通过加热燃料、惰性气体、碱金属蒸气而得到的。在几千摄氏度的高温下，这些物质中的原子和电子的运动都很剧烈，有些电子甚至可以脱离原子核的束缚。结果，这些物质变成自由电

低碳与新能源

子、失去电子的离子以及原子核的混合物，这就是等离子体。将等离子体以超音速的速度喷射到一个加有强磁场的管道里面，在磁场中受到洛伦兹力的作用，分别向两极偏移，于是在两极之间产生电压，用导线将电压接入电路中就可以使用了。离开通道的气体成为废气，它的温度仍然很高，可达2300开。这种废气导入普通发电厂的锅炉，

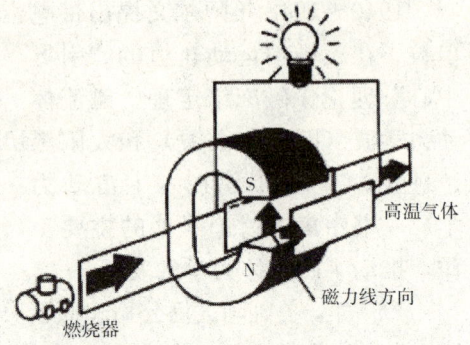
◆磁流体发电机示意图

◆等离子体以超音速的速度喷射到强磁场管道里面

◆磁流体发电技术在船舶领域的应用——超导磁流体推进试验船

以便进一步利用。排出废气的磁流体发电机称为开环系统；在利用核能的磁流体发电机内，气体——等离子体是在闭合管道中循环流动，反复使用的，这样的发电机称为闭环系统。

磁流体发电的优势

　　磁流体发电的最大好处是可以大大提高发电效率。普通的火力发电，燃烧燃料释放的能量中，只有20%变成了电能。而且，人们从理论上推算出，火力发电的效率提高到40%就已达到了极限。而用磁流体发电，可以将从磁流体发电管道里喷出来的废气，驱动另一台汽轮发电机，形成组合发电装置，这种组合发电的效率可以达到50%。如果解决好一些技术上的问题，发电效率还有望进一步提高到60%以上。

节能与发展同追求——节能新科技

不可思议的绿色新能源——细菌发电

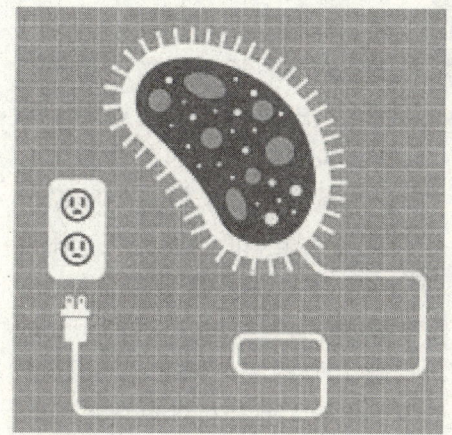

◆细菌也能发电

人类的一切活动都离不开能源。人们日常使用的电能都是通过石油或煤炭发电产生的。除此之外，还有核能发电。也许你还听说过水力发电、风能发电、太阳能发电，但你听说过细菌也能发电吗？细菌发电，即利用细菌的能量发电。生物学家预言，21世纪将是细菌发电造福人类的时代。下面带你一起去领略一下细菌发电的无穷魅力。

细菌发电的历史

细菌发电的历史可以追溯到1910年。当年，英国植物学家马克·皮特首先发现有几种细菌的培养液能够产生电流。于是他以铂作电极，放进大肠杆菌或普通酵母菌的培养液里，成功地制造出世界上第一个细菌电池。

1984年，美国科学家设计出一种太空飞船使用的细菌电池，其电极的活性物质是宇航员的尿液和

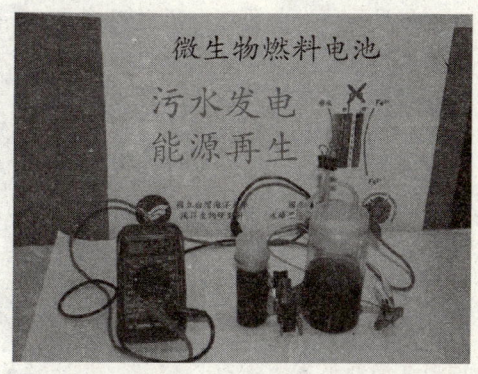

◆细菌发电装置

"领先一步学科学"系列

169

低碳与新能源

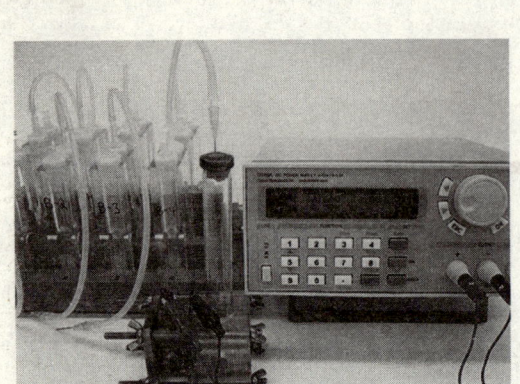

◆细菌培养液可以产生微量电流

活细菌。不过，那时的细菌电池放电效率较低。

直到 20 世纪 80 年代末，细菌发电才有了重大突破，英国化学家彼得·彭托在细菌发电研究方面才取得了重大进展。他让细菌在电池组里分解分子，以释放出电子向阳极运动产生电能。在糖液中他还添加了某些诸如染料之类的芳香族化合物作稀释剂，来提高生物系统中输送电力的能力。在细菌发电期间，还要往电池里不断充入空气，用以搅拌细菌培养液和氧化物质的混合物。据计算，利用这种细菌电池每 100 克糖可获得 135.293×10^4 库仑的电，其效率可达 40%。这已远高于目前使用的太阳能电池的效率，何况其还有再提高 10% 的潜力可挖。只要不断给这种细菌电池里添入糖，就可获得 2 安培的电流，且能持续数月之久。

小资料：细菌发电的前景与研究

利用细菌发电原理，还可以建立细菌发电站。在 10 米见方的立方体盛器里充满细菌培养液，就可建立一个 1000 千瓦的细菌发电站。每小时的耗糖量为 200 千克，发电成本是高了一些，但这是一种不会污染环境的"绿色"电站，更何况技术发展后，完全可以用诸如锯末、秸秆、落叶等有机物的水解物来代替糖液，因此，细菌发电的前景十分诱人。

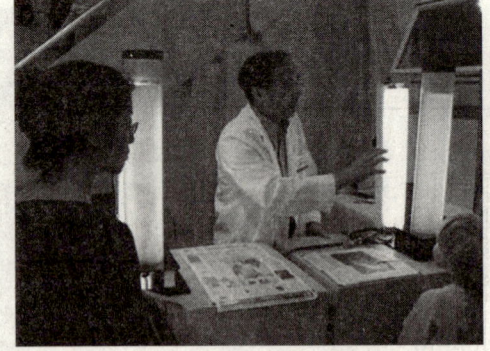

◆气瓶含有细菌，创造乙醇和能量

现在，各发达国家如八仙过海，各显神通：美国设计出一种综合细菌电池，是由电池里的单细胞藻类首先利用太

节能与发展同追求——节能新科技

阳光将二氧化碳和水转化为糖,然后再让细菌利用这些糖来发电;日本将两种细菌放入电池的特制糖浆中,让一种细菌吞食糖浆产生醋酸和有机酸,而让另一种细菌将这些酸类转化成氢气,由氢气进入磷酸燃料电池发电;英国则发明出一种以甲醇为电池液,以醇脱氢酶铂金为电极的细菌电池。

糖原料细菌发电

◆他们是来自哈佛大学的科学家,他们研究微生物燃料电池,这些微生物来自天然存在于土壤中的细菌

美国的两位科学家发明了世界上第一种能够发电的"细菌电池"。该项目的两位研究员马萨诸塞州卅立大学的斯瓦德斯·查德乌里(印度籍)和德里克·拉威莱(美国籍)说,这种电池的原料是地下的细菌,它们在吞噬糖的过程中,能够把能量转换为电能。

这一原型电力装置加满原料后,可以正常运转长达25天,而且成本低,性能稳定。

拉威莱在接受媒体采访时说:"这是一种独特的有机体。"他还简要描述了这项技术的潜在应用价值。正处于研究阶段的细菌是研究人员在弗吉尼亚奥伊斯特贝地底深处不通风的沉淀物中发现的,研究人员认为它是使糖氧化的最理想的"候选者"。

他俩制造了一个有两个封闭空间的容器,每一个空间都有一个石墨电极,并被薄膜隔开。其中一个空间中放有细菌,它们在葡萄糖溶液中游动,在产生化学反应后分解为二氧化碳和电子。电子被传输到附近的电极(阳极),然后又通过外

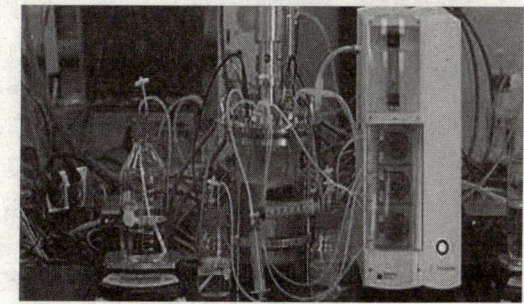

◆实验室里细菌发电的装置非常复杂,但产生的电流不大,这是将来需要解决的问题

低碳与新能源

电路传送到另一块电极（阴极）：电源。

尽管有关微生物燃料电池的问题很早便已提出，但直到现在他们仍旧面临成本高以及能效低等问题。拉威莱说，它们的效率很低，一般为"10％或更低"，相对于它们提供的功率，这种产出所付出的成本极高。通过这种方式发电，最佳效率可达约50％。但这需要添加几种起催化作用的化学物质，这些化学物质可以穿过封闭空间的薄膜进入容器，把自由电子传输到阳极。

 广角镜：池塘中细菌也可以用来发电

◆池塘中细菌也能用来发电

在淡水池塘中常见的一种细菌也可以用来连续发电。这种细菌不仅能分解有机污染物，而且还能抵抗多种恶劣环境。该发现有两个与众不同之处：首先是发电的细菌属于脱硫菌家族，这个家族的细菌在淡水环境中很普遍，而且已被人类用于消除含硫的有机污染物；其次是在外界环境不利或养分不足时，脱硫菌可以变成孢子态，而孢子能够在高温、强辐射等恶劣环境中生存，一旦环境有利又可以长成正常状态的菌株。用这种细菌制成的燃料电池，只要有足够的有机物作为"食物来源"，电池中的细菌就能通过分解食物持续释放出带电粒子。

人们还发现，细菌还具有捕捉太阳能并把它直接转换成电能的"特异功能"。美国科学家在死海和大盐湖里找到一种嗜盐杆菌，它们含有一种紫色素，在把所接受的大约10％的阳光转化成化学物质时，即可产生电荷。科学家们利用它们制造出一个小型实验性太阳能细菌电池，结果证明是可以用嗜盐性细菌来发电的，用盐代替糖，其成本就大大降低了。由此可见，让细菌为人类供电已不是遥远的设想，而是不久的现实。

E 梦想照耀现实
——21世纪新能源

长期以来，人类在生产和生活中一直使用石油和煤炭等化石能源，随着能源需求量的不断增加，不可再生能源储量却逐渐减少，能源危机的幽灵不时闪现，世界已经进入"高油价时代"，能源安全问题成了许多国家面临的一大挑战。此外，大量使用化石能源造成环境污染，碳排放增加，引起全球气候变暖，使我们赖以生存的地球家园环境恶化，这是人类面临的另一重大挑战。在这一背景下，节能减排、绿色发展是必然选择，寻求新能源替代化石能源日显迫切。

所谓新能源是相对于传统能源而言，指正在研发或开发利用时间不长的一些能源形式，如太阳能、地热能、风能、海洋能、生物质能和核能等。由于新能源造成的污染少，被誉为"清洁能源"或"绿色能源"。

E 梦想照耀现实——21世纪新能源

河流湖泊显能量——水力发电

◆水，蕴藏着巨大的能量

水不仅可以直接被人类利用，它还是能量的载体。流动的水蕴藏着巨大的动能。随着矿物燃料的日渐减少，水能是非常重要且前景广阔的替代资源。水能不仅是一种可再生能源，而且是清洁能源。在太阳的照射下，太阳能驱动地球上水循环，使之持续进行。地表水的流动是水力发电的重要环节，在落差大、流量大的地区，水能资源丰富。河流、潮汐、波浪以及涌浪等水运动均可以用来发电。

中国丰富的水资源

水是地球上分布最广泛的物质之一。它以气态、液态和固态三种形式存在于空中、地表与地下，成为大气中的水、海水、陆地水，以及存在于所有动、植物有机体内的生物水，组成了一个统一的相互联系的水圈。

地球总面积为5.1亿平方千米，其中海洋面积为3.613亿平方千米，约占地球总面积的70.8%。海洋的总水量为13.38亿立方千米，占地球总水量的96.5%。除海洋外，还有湖泊、河流、

◆海洋面积约占地球总面积的70.8%

低碳与新能源

沼泽、冰川等。地表约四分之三被水所覆盖。所以地球有"水的行星"之称。

中国河流众多,水系庞大而复杂。中国的主要大河,大都自西向东流入太平洋。其中,长江全长6380千米,是中国第一大河,世界第三大河。黄河长5464千米,是中国第二大河。位于中苏边界的黑龙江和上源额尔古纳河以及中国境内的海拉尔河共长3979千米。珠江全长2216千米。横断山区河流则自北向南流,为国际河流,澜沧江出境后为湄公河入太平洋,怒江出境后为萨尔温江入印度洋。西藏南部的雅鲁藏布江,自西向东折向南流,穿过喜马拉雅山脉后为布拉马普特拉河,经印度及孟加拉国入印度洋。西

◆中国第一大河——长江

◆中国南方有充沛的雨水

藏西部的森格藏布河为印度河及其支流的河源,向西流经印度和巴基斯坦入印度洋。新疆北部的额尔齐斯河,向西北流经苏联入北冰洋。这些汇入海洋的外流水系,流域面积共占全国面积的63.8%,径流总量占全国的95.5%。

中国具有典型的季风气候,冬季盛行偏北风,夏季盛行偏南风,雨热同季,四季分明。夏季,从太平洋来的东南季风和从印度洋来的西南季风影响中国大陆,带来不同程度的降雨过程。年降水量自东南向西北递减。

中国河流落差巨大,是由中国大陆地形地势所决定的。在这样的地形地势条件下,中国河流大都是从高山和高原上,奔腾而下,流向海洋。因而河道陡峻,落差巨大,是中国河流的突出特点。尤其是青藏高原东南部

E 梦想照耀现实——21世纪新能源

和横断山脉地区的河流，河陡谷狭，水流湍急，滩险连绵。有些落差集中河段，常形成瀑布跌水，浪花飞溅，水声如雷，势不可挡。

 万花筒

中国河流落差大

根据普查，中国许多河流的总落差都在1000米以上；主要大河流的总落差，有的达2000～3000米，有的达4000～5000米。发源于"世界屋脊"青藏高原的大河流长江、黄河、雅鲁藏布江、澜沧江、怒江等，天然落差都高达5000米左右，形成了一系列世界上落差最大的河流，这是其他国家所没有的。

 广角镜——雅鲁藏布江大峡谷

雅鲁藏布江大峡谷位于"世界屋脊"青藏高原之上，平均海拔3000米以上，长达496.3千米，险峻幽深，它的长度超过曾号称世界之最的美国克罗拉多峡谷（长440千米），深度超过了曾号称世界之最的秘鲁科尔多峡谷（深3200米左右）。具有从高山冰雪带到低河谷热带季内雨林等九个垂直自然带，是世界山地垂直自然带最齐全、完整的地方。这里聚集了许多生物资源，包括青藏高原已知高等植物种类的2/3，已知哺乳动物的1/2，已知昆虫的4/5以及中国已知大型真菌的3/5，堪称世界之最。

◆世界第一大峡谷——雅鲁藏布江大峡谷

低碳与新能源

链接：地球上水循环的秘密

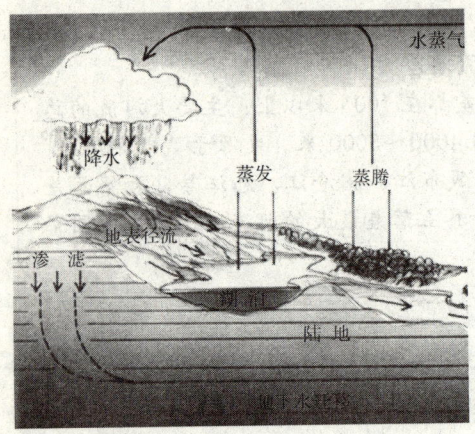

◆地球水循环

"万物生长靠太阳"。太阳能量射到地球，80%以上被地球表面吸收，不到20%反射到空中。海洋面积大，海水吸收热量的能力强，储存热量的能力大。到达地球的大部分太阳能量被海洋吸收并储存起来，海洋成为地球上的巨大的热能仓库。陆地表面吸收太阳热量能力差，而且集中在表层很浅的地方，储存能力也很差。白天热得快，夜晚也凉得快。这样一来，地球村热量的供应就主要由海洋来调节。海洋通过海水温度的升降和海流的循环，并通过与大气的相互作用影响地球气候变化。

能量的转换——水力发电

水力发电是利用河川、湖泊等水位在高处具有位能的水流至低处，将其中所含的势能转换成水轮机之动能，再借水轮机为原动机，推动发电机产生电能。利用水力推动水力机械（水轮机）转动，将水能转变为机械能，如果在水轮机上接上另一种机械（发电机），然后再由水轮机带动

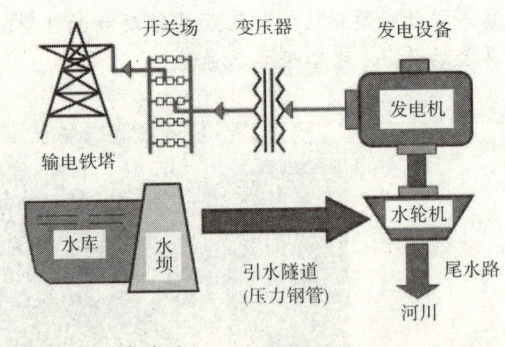

◆惯常水力发电

发电机旋转，切割磁力线产生交流电。随着水轮机转动便可发出电，这时机械能又转变为电能。水力发电在某种意义上讲是水的势能变成机械能，又变成电能的转换过程。而低位水通过吸收阳光进行水循环分布在地球各

E 梦想照耀现实——21世纪新能源

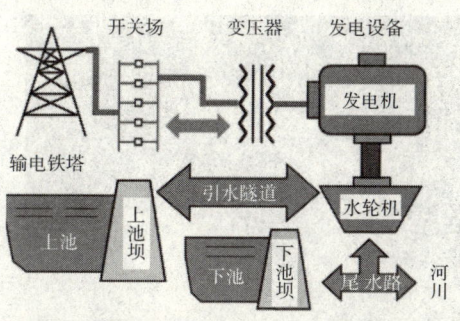

◆抽水蓄能式水力发电

处，从而回复高位水源。因水力发电厂所发出的电力电压低，要输送到远距离时，必须经过变压器将电压提高后，再由架空输电线路输送到用户集中区的变电所，将其降低为适合于家庭用户、工厂用电设备之电压，并由配电线输电到各工厂及家庭用户。

水力发电依其开发功能及运转型式可分为惯常水力发电与抽蓄水力发电两种。抽水蓄能式水电站是一种特殊的水电站。在整个电力系统中，它既是电源（发电厂），又是负荷（用电设备）。当电网中电力负担处于低谷时（例如深夜至凌晨）。它利用电网内（主要是核电或火电）富裕的电能，采用水泵运行方式，将下游（低水池）水抽到高水池，以抽水蓄能的方式将能量储存在高水池。当电力系统处于高峰负荷时，机组改为水轮机运行方式，将高水池储存的水能用来发电。

> 水位差愈大，表示重力势能越大，水轮机所得动能愈大，可转换之电能愈多。这就是水力发电的基本原理。

水力发电是目前技术最为成熟的一种可再生能源发电技术。进一步开发好水力发电是实现可再生能源比重显著上升的一个重要举措，也是建设资源节约型社会和环境友好型社会的重要举措。在当前能源结构调整的大背景中，发展水力发电也成为其中重要的组成部分。

 广角镜——全世界最大的水力发电站

三峡水电站，又称三峡工程、三峡大坝。位于中国重庆市市区到湖北省宜昌市之间的长江干流上。大坝位于宜昌市上游不远处的三斗坪，并和下游的葛洲坝水电站构成梯级电站。它是世界上规模最大的水电站，也是中国有史以来建设最大型的工程项目。而由它所引发的移民搬迁、环境等诸多问题，使它从开始筹建的那一刻起，便始终与巨大的争议相伴。三峡水电站的功能有十多种，航运、发

低碳与新能源

电、种植等等。三峡水电站1992年获得中国全国人民代表大会批准建设，1994年正式动工兴建，2003年开始蓄水发电，2009年全部完工。

水电站大坝高程185米，蓄水高程175米，水库长600余千米，安装32台单机容量为70万千瓦的水电机组，成为全世界最大的水力发电站。

◆三峡水利枢纽

拓展思考

1. 说说中国的水资源，它的特点，它的分布。
2. 说说地球水循环的过程。
3. 利用水力发电的原理是什么？
4. 世界上最大的水力发电站是哪一个？

E 梦想照耀现实——21世纪新能源

无形的推手——风能

◆夕阳下的风车

风车生来为了属于风。在恬静的空气中，风车，总是属于风，因风而转动。

风明白，赋予并不意味着占有。尽管风赋予了风车转动的生命，但风并不会在风车的身边，留守风车的生命。风，会将每一次留恋，每一次快乐的痛，每一次轻快的沉重，都揉在身体的表层，在风车静止的记忆画面中，成为便于忘记的部分。

风是如何形成的？

风的形成乃是空气流动的结果。风就是水平运动的空气，空气产生运动，主要是由于地球上各纬度所接受的太阳辐射强度不同而形成的。

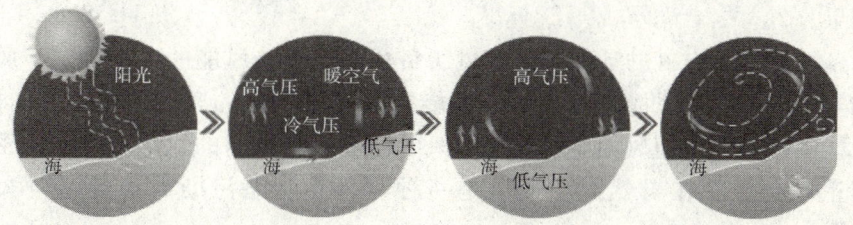

◆风的形成过程

低碳与新能源

◆强大的风蕴含着巨大的能量

在赤道和低纬度地区，太阳高度角大，日照时间长，太阳辐射强度强，地面和大气接受的热量多、温度较高；在高纬度地区太阳高度角小，日照时间短，地面和大气接受的热量少，温度低。这种高纬度与低纬度之间的温度差异，形成了南北之间的气压梯度，使空气作水平运动。风应沿水平气压梯度方向吹，即垂直于等压线从高压向低压吹。

各国都在加紧对风力的开发和利用，尽量减少二氧化碳等温室气体的排放，保护我们赖以生存的地球。

地球在自转，使空气水平运动发生偏向的力，称为地转偏向力，这种力使北半球气流向右偏转，南半球向左偏转，所以地球大气运动除受气压梯度力外，还要受地转偏向力的影响。大气真实运动是这两力综合影响的结果。

风能就是空气的动能，是指风所负载的能量，风能的大小决定于风速和空气的密度。风能资源决定于风能密度和可利用的风能年累积小时数。风能密度是单位迎风面积可获得的风的功率，与风速的三次方和空气密度成正比关系。在自然界中，风是一种可再生、无污染而且储量巨大的能源。

链接：风的大小——风力

在气象上，风常指空气的水平运动，并用风向、风速（或风力）来表示。风向，指风的来向，一般用16个方位或360度来表示。以360度表示时，由北起按顺时针方向量度。风速指的是单位时间内空气的行程，常以米/秒、千米/小时、海里/小时来表示。1805年，英国人根据风对地面（或海面）物体的影响，几经修改后，得出了风力等级表。

◆风的大小是有标准的

风力等级表

风级和符号	名称	风速（米/秒）	陆地物象	海面波浪	浪高（米）
0	无风	0.0～0.2	烟直上	平静	0.0
1	软风	0.3～1.5	烟示风向	微波峰无飞沫	0.1
2	轻风	1.6～3.3	感觉有风	小波峰未破碎	0.2
3	微风	3.4～5.4	旌旗展开	小波峰顶破裂	0.6
4	和风	5.5～7.9	吹起尘土	小浪白沫波峰	1.0
5	劲风	8.0～10.7	小树摇摆	中浪折沫峰群	2.0
6	强风	10.8～13.8	电线有声	大浪白沫离峰	3.0
7	疾风	13.9～17.1	步行困难	破峰白沫成条	4.0
8	大风	17.2～20.7	折毁树枝	浪长高有浪花	5.5
9	烈风	20.8～24.4	小损房屋	浪峰倒卷	7.0
10	狂风	24.5～28.4	拔起树木	海浪翻滚咆哮	9.0
11	暴风	28.5～32.6	损毁普遍	波峰全呈飞沫	11.5
12	飓风	32.7～	摧毁巨大	海浪滔天	14.0

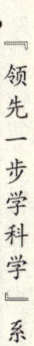

低碳与新能源

风能的广泛应用

人类利用风能的历史可以追溯到公元前。我国是世界上最早利用风能的国家之一。公元前我国人民就已经利用风力提水、灌溉、磨面、舂米，用风帆推动船舶前进。风的动能可以转换为其他能量，例如是机械能或电能。风能的利用主要是以风能作动力和风力发电两种形式，其中又以风力发电为主。

以风能作动力

就是利用风来直接带动各种机械装置，如带动水泵提水等。这种风力发动机的优点是：投资少、工效高、经济耐用。目前，世界上约有一百多万台风力提水机在运转。澳大利亚的许多牧场，都设有这种风力提水机。在很多风力资源丰富的国家，科学家们还利用风力发动机铡草、磨面和加工饲料等。

◆风力提水机

利用风力发电

以丹麦应用最早，而且使用较普遍。丹麦虽只有500多万人口，却是世界风能发电大国和发电风轮生产大国，世界10大风轮生产厂家有5家在丹麦，世界60%以上的风轮制造厂都在使用丹麦的技术，丹麦是名副其实的"风车大国"。

此外，风力发电还逐渐走进居民住宅。在英国，迎风缓缓转动叶片的微型风能电机正在成为一种新景观。家庭安装微型风能发电设备，不但可以为生活提供电力、节约开支，还有利于环境保护。堪称世界"最环保住宅"就是由英国著名环保组织"地球之友"的发起人马蒂·威廉历时5年建造成的，其

◆清澈天空下的丹麦风车

E 梦想照耀现实——21世纪新能源

住宅的迎风院墙前就矗立着一个扇状涡轮发电机，随着叶片的转动，不时将风能转换为电能。

世界风力发电总量居前3位的分别是德国、西班牙和美国，三国的风力发电总量占全球风力发电总量的60%。

  小资料：风能利用——帆船运动

◆青岛国际帆船赛

帆船是起源于居住在海河区域的古代人的水上交通运输工具。是利用风能推动船只向前航行。15世纪初期，中国明代郑和率领庞大船队7次出海，到达亚洲和非洲三十多个国家。现代帆船始于荷兰。1660年荷兰的阿姆斯特丹市长将一条名为"玛丽"的帆船送给英国国王查理二世。1662年查理二世举办了英国与荷兰之间的帆船比赛。1896年帆船赛被列为首届奥运会比赛项目，因天气不好未举行。1900年再次被列为奥运会比赛项目。原为男女混合项目，从1988年奥运会起男女分设。第29届奥运会帆船比赛于2008年8月9～21日在青岛国际帆船中心及周边水域举行。

中国拥有丰富的风力资源

我国风力资源丰富，可开发利用的风能储量为10亿千瓦。对风能的利用，特别是对我国沿海岛屿，交通不便的边远山区，地广人稀的草原牧

低碳与新能源

场，以及远离电网的农村、边疆，作为解决生产和生活能源的一种可靠途径，具有十分重要的意义。

无论是在广阔的草原，还是在昊昊的山岭，我们都会看到一座座能抗风暴袭击而稳定运行的风力发电站。每当大风来临，收集机就会自动调转方向，迎接风的犀利，任凭风力有多大，来势有多猛，它一概取之，转换成电能储存起来，为人们提供电力。这样，即使在远离城市的乡村和牧场都可以用上电，过上幸福的生活。

◆山坡上建起了风力发电场

据估算，全世界的风能总量约1300亿千瓦，中国的风能总量约16亿千瓦。风能资源受地形的影响较大，世界风能资源多集中在沿海和开阔大陆的收缩地带，如美国的加利福尼亚州沿岸和北欧一些国家，中国的东南沿海、内蒙古、新疆和甘肃一带风能资源也很丰富。中国东南沿海及附

◆海边也建起了风力发电场

近岛屿的风能密度可达 300 瓦/米^2 以上，3～20 米/秒的风速年累计超过 6000 小时。内陆风能资源最好的区域，沿内蒙古至新疆一带，风能密度也在 200～300 瓦/米^2，3～20 米/秒的风速年累计 5000～6000 小时。这些地区适于发展风力发电和风力提水。

中国市场最热的可再生能源，比如风能、太阳能等产业。风能资源则更具有可再生、永不枯竭、无污染等特点，综合社会效益高。而且，风电技术开发最成熟、成本最低廉。根据"十一五"国家风电发展规划，2010 年全国风电装机容量达到 500 万千瓦，2020 年全国风电装机容量将达到

E 梦想照耀现实——21世纪新能源

3000万千瓦。而2006年底，全国已建成和在建的约91个风电场，装机总容量仅260万千瓦。可见，风机市场前景诱人，发展空间广阔。

讲解：清洁能源风能的优缺点

◆一般而言，每当风速增强一成，风力发电机的输出功率就可增加约三成

◆风速对风力发电机的运作及效率非常重要。要推动风力发电机产电，风速通常最少要达到每秒3米

风能优点：使用经验丰富；产业和基础设施发展较成熟；无限可再生资源；项目规模灵活；成本较低，0.45～0.9元/千瓦时。

风能缺点：风速不稳定，产生的能量大小不稳定；风能利用受地理位置限制严重；风能的转换效率低；间歇性资源，并非所有地区都有效，干扰雷达信号，噪音大，外观不佳；目前风力发电约占全球电量供应的1%，能量存储成本较高是一大障碍。

解析风力发电的原理

使用风力发电机，就是源源不断地把风能变成我们家庭使用的标准市电，其节约的程度是明显的，一个家庭一年的用电只需20元电瓶液的代价。而现在的风力发电机比几年前的性能有很大改进，以前只是在少数边远地区使用，风力发电机接一个15瓦的灯泡直接用电，一明一暗并会经常损坏灯泡。而现在由于技术进步，采用先进的充电器、逆变器，风力发电成为有一定科技含量的小系统，并能在一定条件下代替正常的市电。山区

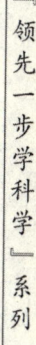

低碳与新能源

可以借此系统点亮一个常年不花钱的路灯；高速公路可用它点亮夜晚的路标灯；山区的孩子可以在日光灯下晚自习；城市小高层楼顶也可用风力电机，这不但节约而且是真正绿色电源。依据目前的风车技术，大约是每秒3米的微风速度（微风的程度），便可以开始发电。

风力发电在芬兰、丹

◆风力发电在某些地区已经进入寻常百姓家

麦等国家很流行；我国也在西部地区大力提倡。小型风力发电系统效率很高，但它不是只由一个发电机头组成的，而是一个有一定科技含量的小系统：风力发电机＋充电器＋数字逆变器。风力发电机由引擎舱、叶轮、主轴、叶片、塔杆组成。每一部分都很重要。

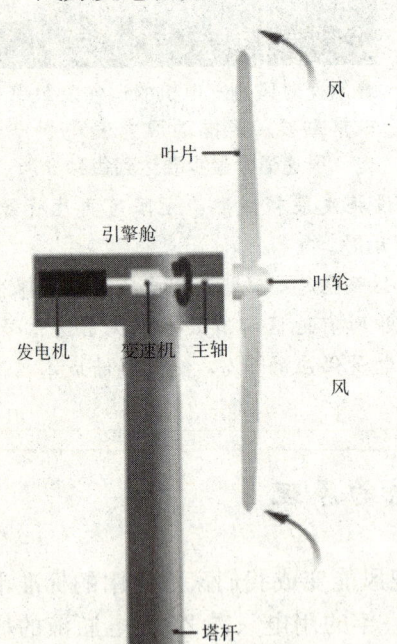

◆风力发电机工作原理

引擎舱：内藏风力发电机的主要组件，包括变速机及发电装置，工程人员可通过塔杆到达引擎舱进行维修。叶片：接收风力而转动轴心，将风能传送到风车转轮。风力发电机内设对风控制装置，确保叶片能随风向转变，保持迎着风向的角度。塔杆：用作支撑引擎舱及叶轮。塔杆越高，就可收集更强的风力。叶轮：叶轮连接着风车主轴。主轴：连接着风车叶轮及变速机，机头的转子是永磁体，定子绕组切割磁力线产生电能，主轴转动并驱动发

E 梦想照耀现实——21世纪新能源

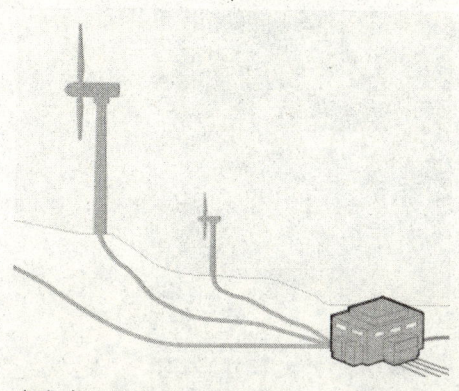

◆发出的电存储到电瓶中

电机。

风力发电机因风量不稳定，故其输出的是13～25伏变化的交流电，须经充电器整流，再对蓄电瓶充电，使风力发电机产生的电能变成化学能。然后用有保护电路的逆变电源，把电瓶里的化学能转变成交流220伏市电，才能保证稳定使用。通常人们认为，风力发电的功率完全由风力发电机的功率决定，总想选购大一点的风力发电机，而这是不正确的。目前的风力发电机只是给电瓶充电，而由电瓶把电能贮存起来，人们最终使用电功率的大小与电瓶大小有更密切的关系。当无风时人们还可以正常使用风力带来的电能，也就是说一台200瓦风力发电机也可以通过大电瓶与逆变器的配合使用，获得500瓦甚至1000瓦乃至更大的功率输出。

 万花筒

电机的功率与风的大小

功率的大小更主要取决于风量的大小，而不仅是机头功率的大小。在内地，小的风力发电机会比大的更合适。因为它更容易被小风量带动而发电，持续不断的小风，会比一时狂风更能供给较大的能量。

 广角镜——风筝风力发电机

意大利科学家对一种新型风力发电装置寄予厚望，它看上去就像院子中不起眼的晾衣服架子。尽管外形乏善可陈，但风筝风力发电机的发电量却有可能同核电站相媲美。风筝风力发电机的工作原理很简单：风筝在风力作用下，带动固定在地面的旋转木马式的转盘，转盘在磁场中旋转而产生电能。对于每个风筝而言，转盘都会放开一对高阻电缆，控制方向和角度。风筝并非是我们在公园常见

低碳与新能源

◆风筝风力发电机

的那种类型，而是类似于风筝牵引冲浪的类型——重量轻、抵抗力超强、可升至2000米的高空。

风力发电的种类

◆平轴风力发电机

风力发电机的种类很多，但按风力发电机的结构气流中的位置大概可以分为两大类，即：水平轴风力发电机和垂直轴风力发电机。

平轴风力发电机有双叶片、三叶片、多叶片，同时可分为顺风式和迎风式，扩散器式和集中器式。正如其名字的含义，水平轴风力涡轮机的转轴是水平安装的，与地面平行。水平轴风力涡轮机需要使用偏航调整装置时刻根据风向进行调整。偏航系统通常包括电机和变速箱，用于缓慢左右移动整个转子。

涡轮机的电子控制器读取风向标设备（机械或电子风向标）的位置，并调

E 梦想照耀现实——21世纪新能源

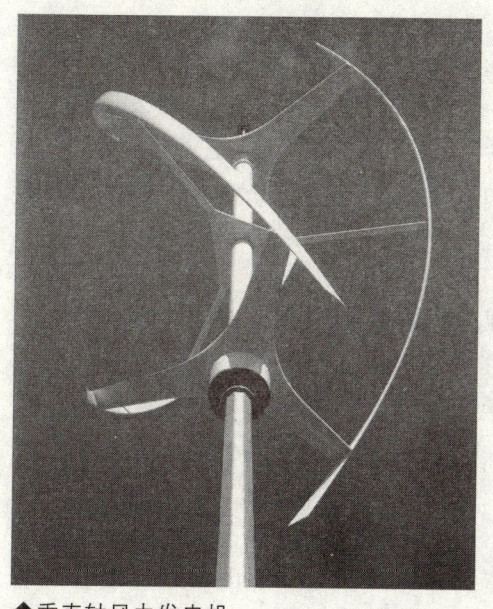

◆垂直轴风力发电机

整转子位置以尽量捕获最大的风能。水平轴风力涡轮机使用塔架将涡轮机组件上升到最适合风速的高度（这样叶片便不会碰到地面），并且占用非常少的地面空间，因为几乎所有组件都在高达80米的空中。垂直轴风力发电机有"S"型单叶片式、多叶片式和太阳能风力透平等。与水平轴式的同类产品不同，垂直轴风力涡轮机始终与风向保持一致，因此当风向改变时无需调整；但垂直轴风力涡轮机不能自己启动——它需要电力系统的推动才能启动。它通常使用拉索而不是塔架进行支撑，因此转子高度较低。较低的高度意味着风速因地面阻碍而较慢，所以垂直轴风力涡轮机的效率通常要比水平轴风力涡轮机低。从有利的一面来说，所有设备都处于地面高度便于安装和维修；但这意味着涡轮机的占地面积较大，对于农作物种植区来说，这是相当不利的一面。

小资料——美丽的荷兰风车

人们常把荷兰称为"风车之国"，荷兰是欧洲西部一个只有1000多万人口的国家。荷兰全国1/3的面积只高出北海海面1米，近1/4低于海平面。

荷兰坐落在地球的盛行西风带，一年四季盛吹西风。同时它濒临大西洋，又是典型的海洋性气候国家，海陆风长年不息。这就给缺乏水力、动力资源的荷兰，提供了利用风力的优厚补偿。

◆荷兰风车

 低碳与新能源

荷兰的风车，最早从德国引进。开始时，风车仅用于磨粉之类。到了16～17世纪，风车对荷兰的经济有着特别重大的意义。当时，荷兰在世界的商业中占首要地位的各种原料，从各路水道运往风车加工，其中包括：北欧各国和波罗的海沿岸各国的木材，德国的大麻子和亚麻子，印度和东南亚的肉桂和胡椒。在荷兰的大港——鹿特丹和阿姆斯特丹的近郊，有很多风车的磨坊、锯木厂和造纸厂。

著名的风力发电站

风电场可建于陆上或海上。建筑在陆地上的风电场，仍是现今世界的主流。

达坂城风力发电站

从乌鲁木齐市沿高速公路向东南行8千米就是著名的新疆达坂城百里风区。在长约80千米，宽约20千米左右的戈壁滩上，100多架银白色风机或成队列，或成方阵，迎风而立，非常壮观。

新疆达坂城风电厂是中国第一个大型风电厂，也是亚洲最大的风力发电站。目前安装有200台风车，年发电量为1800万瓦。新疆是中国风力资源最丰富的地区之一，每年风蕴藏量为9127亿千瓦，仅次于内蒙古。新疆正在利用风力资源发电，风力发电将成为新疆未来重要的替代能源。

◆新疆达坂城风力发电站

E 梦想照耀现实——21世纪新能源

辉腾锡勒风力发电场

亚洲最大的风力发电场，辉腾锡勒地处内蒙古高原，海拔高，又是一个风口，风力资源非常丰富，这里10米高度年平均风速7.2米/秒，40米高度年平均风速为8.8米/秒，风能功率密度662瓦/平方米，年平均空气密度为1.07千克/立方米，10米高度和40米高度5～25米/秒的有效风时数为6255～7293小时。具有稳定性强、持续性好、风能品质高等特点，是建设风电场最理想的场所。自1996年开始建风电场以来，目前已装机94台，装机容量已达1.4亿万千瓦时，近期计划装机容量166.5兆瓦，将成为亚洲最大的风力发电场，同时也成为辉腾锡勒旅游区一道亮丽的风景线。

◆辉腾锡勒风力发电场

最大的陆上风力发电厂

位于达拉斯西100英里（合160千米），47000英亩（合19000公顷）的雪松、矮橡树让位于Horse Hollow风能中心的421座风涡轮，峰值发电量最高可达735兆瓦。这批风涡轮有2种型号，一种是由GE公司生产的，其发电能力为2911.5兆瓦；另一种由西门子（Siemens）公司生产，发电能力为1302.3兆瓦。该发电厂于2006年建成，由佛罗里达光能公司

 低碳与新能源

◆Horse Hollow 风力发电厂

下的子公司 NextEra Energy 管理，该公司在全美境内可发 40 亿瓦的电能。

> 陆地风电厂是建造成本较离岸风电场低，维修保养较容易，方便接驳电网。

 广角镜：最大的海上风力发电厂

从英国的 Skegness 海岸远远地就可以看到 Lynn and Inner Dowsing 风电厂，总装机容量为 543.6 兆瓦，峰值发电量最高达 194 兆瓦。每个涡轮直径有 353 英尺长（约 107 米），彼此之间用 Hub 相连——Hub 埋在海平面下 265 英尺（约 80 米）深的地方。涡轮固定在高高的铁塔上。该工程总耗资将近 5 亿美元。

到 2009 年底，Lynn and Inner Dowsing 风电厂被 209 兆瓦的 Horns

◆Lynn and Inner Dowsing 风电厂

E 梦想照耀现实——21世纪新能源

Review 风电厂超过，该电厂修建在丹麦最西边 30~40 千米的北海上，总耗资达 6.7 亿美元。另有英国 London Array 在泰晤士河河口外修建的装机容量达 1000 兆瓦的风电厂于 2012 年竣工。

拓展思考

1. 自然界的风是如何形成的？
2. 为什么说中国的风力资源丰富？
3. 风能的优点是什么？风力发电有哪几种种类？它们分别有什么特点？
4. 风力发电的原理是什么？

地壳深处含热能——地热能

◆冒着热气的温泉

温泉是地热能展现在大自然的一种现象,当人们看到那热气腾腾的热水,不禁会想这种现象是什么东西在起作用?这就是蕴含巨大能量的地热。人类很早以前就开始利用地热能,例如利用温泉沐浴、医疗,利用地下热水取暖、建造农作物温室、水产养殖及烘干谷物等。但真正认识地热资源并进行较大规模的开发利用却是始于20世纪中叶。著名地质学家李四光曾说过,地热是个大热库,地下热能的开发与利用是个大事情。这件事就像人类发现煤炭、石油可以燃烧一样,是人类历史开辟的一个新能源。现在,中国石化也瞄准了这个大热库。

地热是如何形成的

地球上火山喷出的熔岩温度高达1200℃～1300℃,天然温泉的温度大多在60℃以上,有的甚至高达100℃～140℃。这说明地球是一个庞大的热库,蕴藏着巨大的热能。那么地热是从何而来的呢?要想回答这个问题,就需要从地球的构造谈起。

地球是一个巨大的热库,它可以看作是半径约为6370千米的实心球体。

◆地球是一个巨大的热库

E 梦想照耀现实——21 世纪新能源

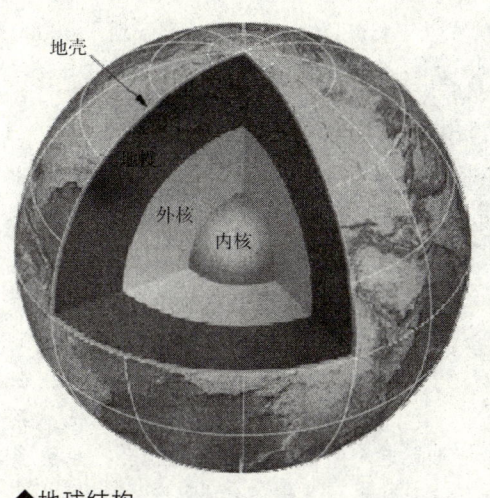

◆地球结构

它的构造就像是一个半熟的鸡蛋,主要分为三层。地球的外表相当于蛋壳,这部分叫做"地壳",它的厚度各处很不均匀,由几千米到70千米不等。地壳的下面是"中间层",相当于鸡蛋白,也叫"地幔",它主要是由熔融状态的岩浆构成,厚度约为2900千米。地壳的内部相当于蛋黄的部分叫做"地核",地核又分为外地核和内地核。我们知道越往地下温度越高,地热就是指地球内部蕴藏的能量。从地球表面往下正常增温梯度是每1000米增加25℃～30℃,在地下约40千米处温度可达到1200℃,地球中心温度可达到6000℃。地壳内部的温度表明其蕴藏着巨大的热量,它的热量是哪里来的呢?一般认为,是由于地球物质中所含的放射性元素衰变产生的热量。

> 由于构造原因,地球表面的热流量分布不匀,这就形成了地热异常,如果再具备盖层、储层、导热、导水等地质条件,就可以进行地热资源的开发利用。

根据热资源的性质和储存状态,地热可分为五种类型:蒸汽型、热水型、地压型、干热岩型和岩浆型。前两类统称为水热型,是现在开发利用的主要地热资源,后两类属于潜在地热资源,地压型地热资源虽然生成条件不太普遍,但其能量潜力巨大,且除热能外,往往还贮存有甲烷之类的化学能及高压所致的机械能。

 知识库:大棱镜温泉——美国最大的温泉

位于黄石国家公园的大棱镜温泉是美国最大的温泉。它宽约75至91米,49

低碳与新能源

◆大棱镜温泉

米深，每分钟大约会涌出2000升、温度为71℃左右的地下水。大棱镜温泉的美在于湖面的颜色随季节而改变。春季，湖面从绿色变为灿烂的橙红色，这是由于富含矿物质的水体中生活着的藻类和含色素的细菌等微生物，它们体内的叶绿素和类胡萝卜素的比例会随季节变换而改变，于是水体也就呈现出不同的色彩。在夏季，叶绿素含量相对较低，显现橙色、红色，或黄色。但到了冬季，由于缺乏光照，这些微生物就会产生更多的叶绿素来抑制类胡萝卜素的颜色，于是就看到水体呈现深绿色。

地热的利用——地热发电

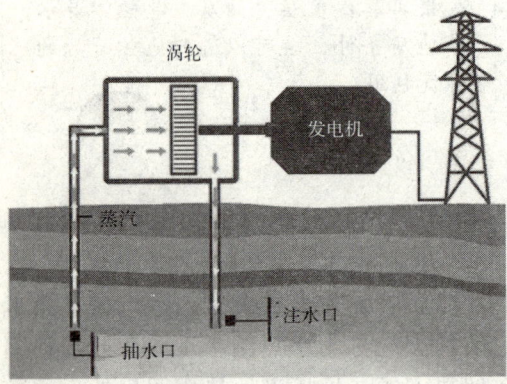

◆地热发电原理图

地热发电是地热利用的最重要方式。高温地热流体应首先应用于发电。地热发电和火力发电的原理是一样的，都是利用蒸汽的热能在汽轮机中转变为机械能，然后带动发电机发电。所不同的是，地热发电不象火力发电那样要备有庞大的锅炉，也不需要消耗燃料，它所用的能源就是地热能。

要利用地下热能，首先需要有"载热体"把地下的热能带到地面上来。目前能够被地热电站利用的载热体，主要是地下的天然蒸汽和热水。

【闪蒸发电】

当高压热水从热水井中抽至地面，于压力降低部分热水会沸腾并"闪蒸"成蒸汽，蒸汽送至汽轮机做功；而分离后的热水可继续利用后排出，当然最好是再回注入地层。

E 梦想照耀现实——21世纪新能源

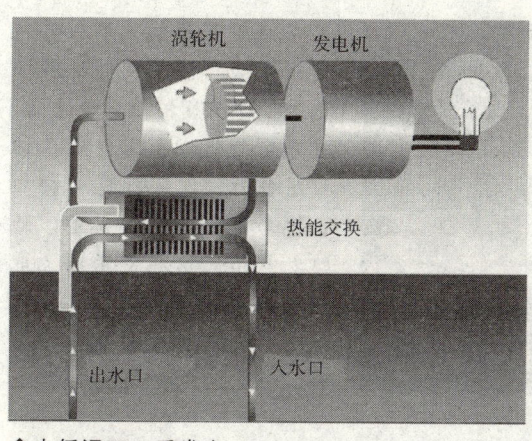

◆中低温双工质发电

【中低温双工质发电】

地热水首先流经热交换器，将地热能传给另一种低沸点的工作流体，使之沸腾而产生蒸汽。蒸汽进入汽轮机做功后进入凝汽器，再通过热交换器而完成发电循环。地热水则从热交换器回注入地层。这种系统特别适合于含盐量大、腐蚀性强和不凝结气体含量高的地热资源。发展双循环系统的关键技术是开发高效的热交换器。

【干热岩发电】

干热岩是埋藏于地面1千米以下、温度大于200℃的、内部不存在流体或仅有少量地下流体的岩体。干热岩发电是从地表往干热岩注入温度较低的水，注入的水沿着裂隙运动并与周边的岩石发生热交换，产生高温高压超临界水或水汽混合物，然后从生产井中提取高温蒸气，用于地热发电和综合利用。

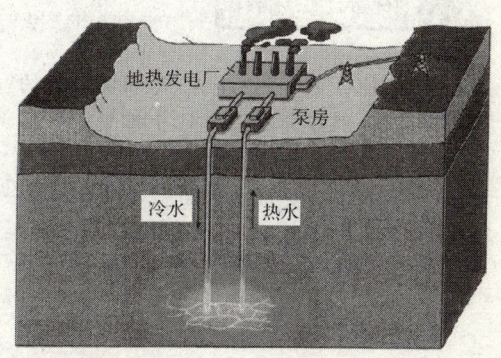

◆干热岩发电

 小贴士——羊八井地热电站

在世界屋脊上，有一座给高原古城拉萨带来光明与希望的新兴城镇，这就是羊八井。它位于青藏公路和中国通往尼泊尔公路的交叉点上，是西藏第一个地热开发试验区，已建有热电站、地热温室和温泉浴室。它所处的羌塘草原是个高寒地区，一年有八九个月冰封土冻。然而方圆40平方千米的热田，却绿草如茵，青稞垛金灿灿，温泉的雾气腾腾。要是往滚滚向上冒的温泉边放上几只鸡蛋，三

低碳与新能源

五分钟便可煮熟。羊八井地热开发试验区，人们统称为热田。这个热田热储量丰富，有开发价值，在国内地热田中居首位，在国际地热田中也排名第十四位。目前，地热发电和地热温室两项已取得成功。

◆羊八井是我国最大的地热电站

拓展思考

1. 什么是地热？地热是如何形成的？
2. 美国最大的温泉位于哪里？
3. 如何利用地热发电？
4. 我国最大的地热电站位于哪里？

E 梦想照耀现实——21世纪新能源

潮涨潮落蕴巨能——潮汐能

到过海边的人都知道,海水有涨潮和落潮现象。我国古书上说"大海之水,朝生为潮,夕生为汐"。涨潮时,海水上涨,波浪滚滚,景色十分壮观。退潮时,海水悄然退去,露出一片海滩。在涨潮和落潮之间有一段时间水位处于不涨不落的状态,叫做平潮。作为自然现象的一种,潮汐给人类的航海、渔牧业等带来了极大的方便。

潮来潮往——潮汐

关于为什么会出现潮汐这种自然现象,从古代就有人探讨过这一问题,提出过一些假想。古希腊哲学家柏拉图认为潮汐就是地球的呼吸。他猜想这是由于地下岩穴中的振动造成的。我国古代人们很早就认为,海底有一个巨大的世界——龙宫,许多电影作品都描绘过龙宫的情景,因此有人认为海水的定期涨落是因为有一条无比巨大的海生动物定期出入海宫而造成的。

◆水下真的有"龙宫"吗?

低碳与新能源

介绍——什么是潮汐？

◆中国钱塘江口的潮汐

海水的涨落发生在白天叫潮，发生在夜间叫汐，所以也叫潮汐。涨潮和落潮一般一天有两次。一日之内，地球上除南北两极及个别地区外，各处的潮汐均有两次涨落，每次周期12小时25分，一日两次，共24小时50分，所以潮汐涨落的时间每天都要推后50分钟。生活在海边有经验的人，大都能推算出潮汐发生的时间。

随着人们对潮汐现象的不断观察，对潮汐的真正原因逐渐有了认识。我国古代余道安在他著的《海潮图序》一书中说："潮之涨落，海非增减，盖月之所临，则之往从之"。这是对潮汐最早的科学解释。哲学家王充在《论衡》中写道："涛之起也，随月盛衰。"同样也指出了潮汐跟月亮有关系。到了17世纪80年代，英国科学家牛顿发现了万有引力定律之后，提出了潮汐是由于月亮和太阳对海水的吸引力引起的假设，科学地解释了产生潮汐的原因。

涨潮

落潮

◆涨潮和落潮

E 梦想照耀现实——21 世纪新能源

随着科技水平的发展，人们知道了潮汐发生的原因。地球始终都在自转，海水随着地球自转也在旋转，而旋转的物体都有一股向心力，这就好像旋转张开的雨伞，雨伞上水珠将要被甩出去一样。同时地球上的海水还受到

> 由于地球、月球在不断运动，与太阳的相对位置在发生周期性变化，因此引潮力也在周期性变化。

月球、太阳及其他天体的吸引力。海水在这两个力的共同作用下形成了引潮力。

讲解：潮起潮落——万有引力的作用

根据万有引力定律，两个物体之间的引力和它们之间距离的平方成反比。地面上各点与月球的距离不同，所受月球引力的大小就不同，朝向月球的半个地球上，所受到的引力大于地心和背向月球一面所受到的引力。离月球最近的点所受到的引力最大，在此点的海水相对于地心而言被月球"拉"了起来，朝向月球的半个地球上的海水都会趋向最近点，该点海水就会上涨，这就是涨潮。离月球最远的点受到月球的引力最小，相对于地心，该点的海水有后退的倾向，我们称之为退潮。

这就是潮汐产生的原理，不得不佩服祖先们在很早以前就认为潮汐的产生与月亮有关的说法。

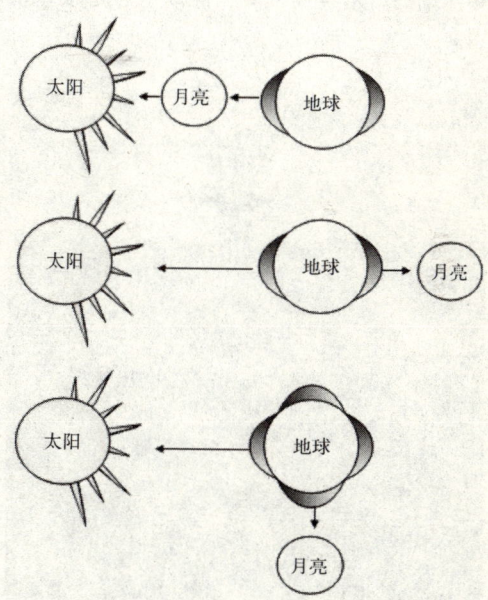

◆在向月和背月处出现涨潮，向月点 90°角的部位出现落潮

"领先一步学科学"系列

203

低碳与新能源

能量的转换——利用潮汐发电

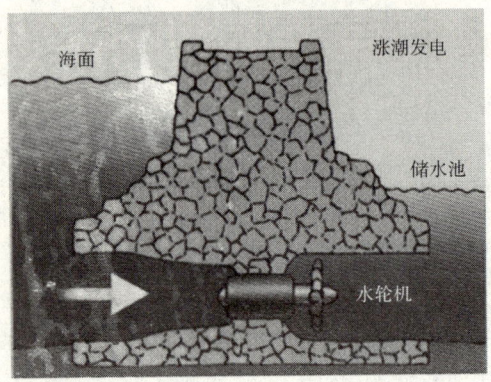

◆涨潮时，水平面升高，由潮水冲击水轮机运转

◆潮汐发电简图

潮汐发电严格地讲应称为"潮汐能发电"，潮汐能发电仅是海洋能发电的一种，但是它是海洋能利用中发展最早、规模最大、技术较成熟的一种。现代海洋能源开发主要就是指利用海洋能发电。利用海洋能发电的方式很多，其中包括波力发电、潮汐发电、潮流发电、海水温差发电和海水含盐浓度差发电等，而国内外已开发利用的海洋能发电主要是潮汐发电。由于潮汐发电的开发成本较高和技术上的原因，所以发展不快。

潮汐能是由于海水不断地涨潮、落潮。涨潮时，大量海水汹涌而来，具有很大的动能；同时，水位逐渐升高，动能转化为势能。落潮时，海水奔腾而去，水位陆续下降，势能又转化为动能。海水在运动中所具有的动能和势能统称为潮汐能。

潮汐发电就是在海湾或有潮汐的河口建筑一座拦水堤坝，形成水库，并在坝中或坝旁放置水轮发电机组，利用潮汐涨落时海水水位的升降，使海水通过水轮机时推动水轮发电机组发电。从能量的角度说，就是利用海水的势能和动能，通过水轮发电机转换为电能。潮汐发电与水力发电的原理相似，它是利用潮水

E 梦想照耀现实——21世纪新能源

涨、落产生的水位差所具有的势能来发电的，也就是把海水涨、落潮的能量变为机械能，再把机械能转变为电能（发电）的过程。

由于潮水的流动与河水的流动不同，它是不断变换方向的，因此就使得潮汐发电出现了不同的型式。如单库单向型，只能在落潮时发电；单库双向型，在涨、落潮时都能发电；双库双向型，可以连续发电，但经济上不合算，未见实际应用。世界上第一座具有经济价值，而且也是目前最大的潮汐发电站，是1966年在法国西部沿海建造的朗斯洛潮汐电站，它使潮汐电站进入了实用阶段。

◆潮汐能的利用——潮汐发电

 广角镜——潮汐使月球远离地球

◆海山潮汐发电站

潮汐就像是一个"刹车片"，它不仅引起涨潮、落潮的现象，其产生的长远影响主要有两个，一是使地球自转缓缓变慢。二是使月球以每年3厘米的速度远离地球。可以这样推断，远古时月球比今天离地球近得多，影响也更大。产生这两个影响的原因是什么呢？当地球旋转时，海水涌到隆起部分，海洋中其他地方的水位变浅。于是，海水在每一次涨潮和退潮的过程中大面积地冲刷海底，之间有巨大的摩擦力。这种摩擦现象非常类似于汽车制动装置中的摩擦

低碳与新能源

运动。地球的自转有时会被潮汐的活动所制动，就如同地球经历了一次"刹车"一样。不过，地球的惯性是相当巨大的，因此这种"刹车"作用几乎对它的运动产生不了什么影响。但从长远来看，潮汐作用的最终结果是地球的自转速度变慢，使一天的时间每隔62500年长出1秒钟，随着一天时间的延长，月亮会逐渐远离地球，并且将会以一个更大的公转半径绕地球旋转。

拓展思考

1. 什么是潮汐？
2. 地球上为什么会出现潮起潮落？它产生的原理是什么？
3. 如何利用潮汐能发电？
4. 哪一个国家是世界上利用潮汐能最多的国家？

E 梦想照耀现实——21世纪新能源

大海处处有能量——海洋能

◆波涛汹涌的大海

一望无际的大海,不仅为人类提供航运、水源和丰富的矿藏,而且还蕴藏着巨大的能量。海洋面积占地球总面积的71%,太阳到达地球的能量,大部分落在海洋上空和海水中,部分转换为各种形式的海洋能。海洋能指依附在海水中的可再生能源,海洋通过各种物理过程接收、储存和散发能量,这些能量以潮汐、波浪、温度差、盐度梯度、海流等形式存在于海洋之中。

这些不同形式的能量有的已被人类利用,有的已列入开发利用计划,但人们对海洋能的开发利用程度至今仍十分低。因此只能有一小部分海洋能资源得以开发利用。

最高品味能源——波浪能

海浪的破坏力大得惊人。扑岸巨浪曾将几十吨的巨石抛到20米高处,也曾把万吨轮船举上海岸。海浪曾把护岸的两三千吨重的钢筋混凝土构件翻转。许多海港工程,如防浪堤、码头、港池,都是按防浪

> 波浪能是一种取之不尽的可再生清洁能源。尤其是在能源消耗较大的冬季,可以利用的波浪能能量也最大。

低碳与新能源

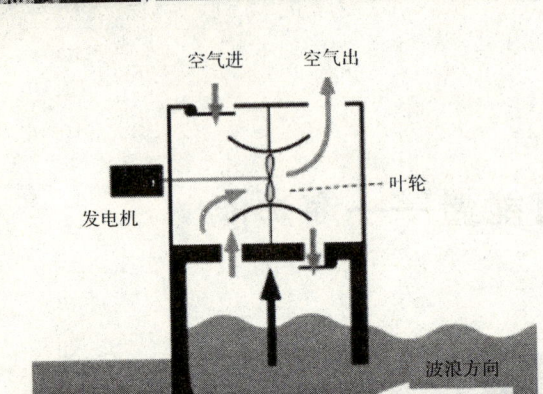

◆波浪发电示意图

◆波浪也能发电

标准设计的。在海洋上，波浪中再大的巨轮也只能像一个小木片那样上下漂荡。大浪可以倾覆巨轮，也可以把巨轮折断或扭断。

但是海浪也有对人类有益的一方面，例如，海洋中有丰富的波浪能和水，其中波浪能是品位最高（以机械能形式而存在）、最易于直接利用、取之不竭的可再生清洁能源。海洋中的波浪能量巨大，波浪能发电技术是通过波浪能装置，将波浪能首先转换为机械能，再最终转换成电能。这一技术兴起于上世纪80年代初，西方海洋大国利用新技术优势纷纷展开实验，但受客观因素和技术影响，效益不一。波浪能发电装置主要有固定式波浪能装置。这种装置又分为岸式、收缩波道式、摆式、沉箱式等多种形式。1984年以来，英国、葡萄牙、挪威、印度、印尼等国相继进行试验。1984年，挪威投资120万美元在卑尔根市建造了一个500千瓦的波力电站，正常工作两年后在一次强台风中，该电站钢结构被破坏，发电机组没入海中。随后，英国、印度、日本等国设计的这类装置和电站也因土建或其他技术原因失败或运行不良。比较成功的是英国于2000年11月在苏格兰建成的500千瓦岸式波能装置，可以为当地400户居民供电。小功率的波浪能发电，已在导航浮标、灯塔等获得推广应用。

E 梦想照耀现实——21世纪新能源

波浪能思想的萌芽

两个多世纪以来，发明家一直在寻求一种利用海浪发电的方法，在1799年，一对法国父子尝试为一种可以附在漂浮船只上的巨大杠杆申请专利，它可以随海浪一起波动来驱动岸边的水泵和发电机。但当时蒸汽动力偷偷地抢走了人们的注意力，然后这个想法就渐渐地黯淡，最后只留迹在制图板上了。此后，油料禁运重新刺激了海浪发电的设计，但他们最后还是因为油价下滑，把这个想法又扔进了废纸篓。

 广角镜——最大的波浪能电厂

葡萄牙建造的世界第一座商用波浪能发电场首次亮相。通过3根140米长的"红色海蛇"，连接在葡萄牙北海面海床处的圆柱型波浪能转换器，发电场的波浪能将会被转换为电能。然后通过海底电缆中转站，最终注入电网。

该设备将会产生2.2兆瓦的电能，这些电能足够满足1500个家庭的用电需求。波浪能发电站的最终目标是产生21兆瓦的电能。该发电场

◆葡萄牙最大的波浪能发电厂

只是葡萄牙政府可再生能源计划当中的一小部分，该计划同时还包括了世界上最大的风力发电场和世界上最大的太阳能发电场。葡萄牙政府希望到2020年之前，可以利用可再生能源产生国家用电总量的60%左右的电能。

扩散中的能量——盐差能

海水里面由于溶解了不少矿物盐而有一种苦咸味，这给在海上生活的人用水带来一定困难，所以人们要将海水淡化，制取生活用水。然而，这种苦咸的海水大有用处，可用来发电，是一种能量巨大的海洋资源。

低碳与新能源

在大江大河的入海口，即江河水与海水相交融的地方，江河水是淡水，海水是咸水，淡水和咸水就会自发地扩散、混合，直到两者含盐浓度相等为止。在混合过程中，还将放出相当多的能量。这就是说，海水和淡水混合时，含盐浓度高的海水以较大的渗透压力向淡水扩散，而淡水也在向海水扩散，不过渗透压力小。这种渗透压力差所产生的能量，称为海水盐浓度差能，或者叫做海水盐差能。盐差能主要存在于河海交接处。同时，淡水丰富地区的盐湖和地下盐矿也可以利用盐差能。盐差能是海洋能中能量密度最大的一种可再生能源。

◆你会配制不同浓度的盐水吗？

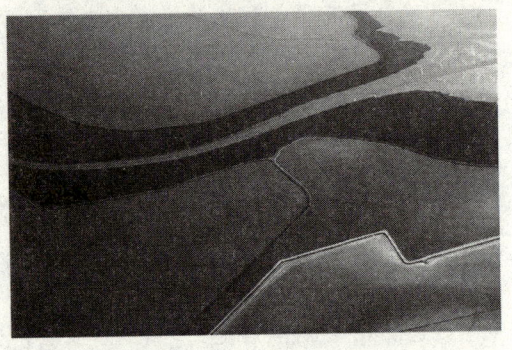
◆不同浓度海水的交融处

据估算，地球上存在着26亿千瓦可利用的盐差能，其能量甚至比温差能还要大。海洋盐差能发电的设想是1939年由美国人首先提出的。科学家经过周密的计算后发现在17℃时，如果有1摩尔盐从浓溶液中扩散到稀溶液中去，就会释放出5500焦的能量来。科学家由此设想：只要有大量浓度不同的溶液可供混合，就将会释放出巨大的能量来。

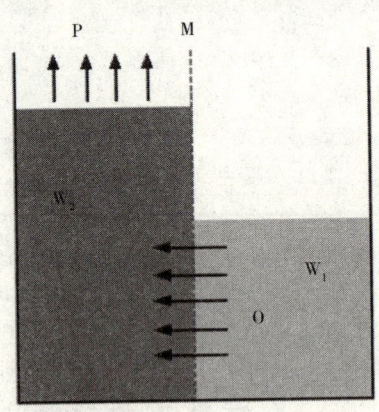

W1：淡水
W2：海水
M：半透膜
O：渗透过程
P：获得压力

◆盐差能示意图

盐差能的利用方式主要是发电。其工作原理是将不同盐浓度海水之间的化学电位差能转换成水的势能，再驱动水轮机发电。系统工作过程是：

E 梦想照耀现实——21世纪新能源

先由海水泵向水压塔内充入海水。同时，由于渗透压力的作用，淡水从半透膜向水压塔内渗透，使水压塔内水位升高。当水位上升到一定高度后，便从塔顶的水槽溢出，冲击水轮机旋转，带动发电机组发电。

丰富的盐差能

据估计，世界各河口区的盐差能达 3×10^{16} 瓦，可能利用的有 2.6×10^{15} 瓦。我国的盐差能估计为 1.1×10^{8} 千瓦，主要集中在各大江河的入海处，同时，我国青海省等地还有不少内陆盐湖可以利用。盐差能的研究以美国、以色列的研究为先，中国、瑞典和日本等也开展了一些研究。

链接：

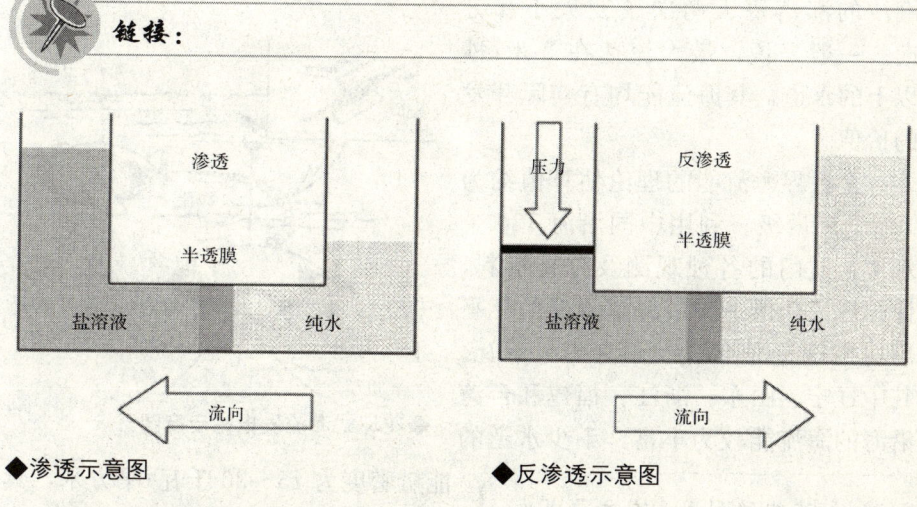

◆渗透示意图　　　　　　　　◆反渗透示意图

渗透是在所有活细胞中存在的一种自然过程，水可以透过半透膜而使悬浮固体、盐类、大分子物质被截留，这些半透膜的孔径大概在 0.0005 微米左右。

渗透过程——在纯水溶液和盐溶液两种环境之间，水分子有从纯水溶液向盐溶液渗透的倾向。水流通过半透膜从纯水溶液向盐溶液渗透，该过程的作用力是两种环境的浓度差。

反渗透过程——在盐溶液的一方施加压力可以使渗透过程反向进行。在外加压力的作用下，水透过半透膜与溶液中的离子分离，当渗透过程进行到一定程度时，渗透压与外加压力相等后反渗透过程结束。

随波逐流——海流能

海流能是指海水流动的动能，主要是指海底水道和海峡中较为稳定的流动以及由于潮汐导致的有规律的海水流动所产生的能量，是另一种以动能形态出现的海洋能。

海流能的能量与流速的平方和流量成正比。相对波浪而言，海流能的变化要平稳且有规律得多。潮流能随潮汐的涨落每天两次改变大小和方向。一般来说，最大流速在 2 米/秒以上的水道，其海流能均有实际开发的价值。

▶海流能发电

全世界海流能的理论估算值约为 10^8 千瓦量级。利用中国沿海 130 个水道、航门的各种观测及分析资料，计算统计获得中国沿海海流能的年平均功率理论值约为 $1.4×10^7$ 千瓦。其中辽宁、山东、浙江、福建和台湾沿海的海流能较为丰富，不少水道的

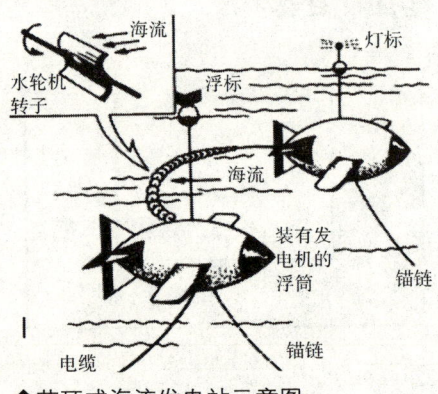
▶花环式海流发电站示意图

海流能的利用方式主要是发电，其原理和风力发电相似，几乎任何一个风力发电装置都可以改造成为海流能发电装置。

能量密度为 15～30 千瓦/平方米，具有良好的开发价值。值得指出的是，中国的海流能属于世界上功率密度最大的地区之一，特别是浙江的舟山群岛的金塘、龟山和西堠门水道，平均功率密度在 20 千瓦/平方米以上，开发环境和条件很好。

E 梦想照耀现实——21世纪新能源

 **拓展思考**

1. 波浪能为什么能发电?
2. 什么是盐差能?
3. 盐差能发电的原理是什么?
4. 什么是海流能?全世界海流能蕴藏着多少能量?

低碳与新能源

氢氧反应显神效——氢能

氢位于元素周期表之首，它的原子序数为1，在常温常压下为气态，在超低温高压下又可成为液态。氢是自然界存在最普遍的元素，据估计它构成了宇宙质量的75%，除空气中含有氢气外，它主要以化合物的形态贮存于水中，而水是地球上最广泛

◆氢气球

的物质。据推算，如把海水中的氢全部提取出来，它所产生的总热量比地球上所有化石燃料放出的热量还大9000倍。氢是一种理想的新的能源。目前液氢已广泛用作航天动力的燃料，但氢能的大规模的商业应用还有待解决。

氢能的来源与制备

氢能是一种二次能源。在人类生存的地球上，虽然氢是最丰富的元素，但自然氢的存在极少。因此必须将含氢物质分解后方能得到氢气。最丰富的含氢物质是水（H_2O），其次就是各种矿物燃料（煤、石油、天然气）及各种生物质等。因此要开发利用这种理想的清洁能源，首先要开发氢源。目前制氢的方法主要有以下几种：

电解水制氢

电解水制氢是目前应用较广且比较成熟的方法之一。在电解槽中通入

E 梦想照耀现实——21世纪新能源

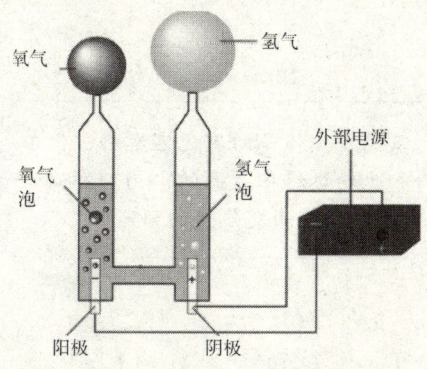

◆电解水制氢

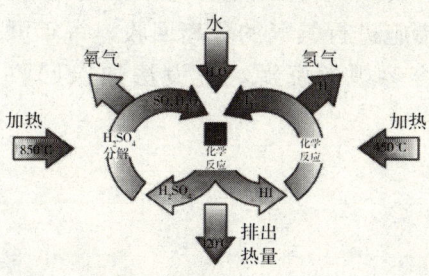

◆矿物燃料制氢流程

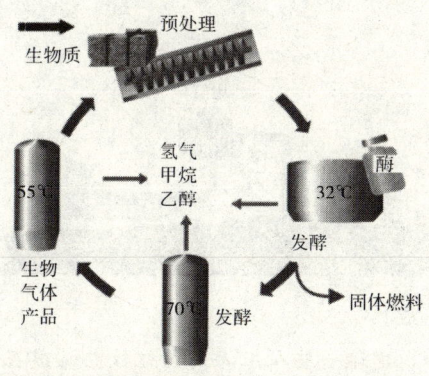

◆微生物制氢示意图

直流电时，水分子在电极上发生电化学反应，分解成氢气和氧气。以水为原料制氢过程是氢气与氧气反应生成水的逆过程，因此只要提供一定形式的能量，则可使水分解，而且所得氢气纯度非常高。提供电能使水分解制得氢气的效率一般可达到 75%～85%，其工艺过程简单，无污染，但消耗电量大，因此其应用受到一定的限制。不过随着核能和太阳能利用技术的不断提高，在未来的氢经济社会中，电解水制氢将成为主流。

矿物燃料制氢

以煤、石油及天然气为原料制取氢气是当今制取氢气最主要的方法。目前国际上商用氢产量的 96% 都是从化石燃料中制取的。制得的氢气主要用作化工原料，如生产合成氨、合成甲醇等，用作能源的比例非常小。由于化石燃料储量有限，制氢过程中存在污染，在未来的氢经济社会中这种方法有被淘汰的趋势。

生物质制氢

生物质资源丰富，是重要的可再生能源。生物质可通过热化工转化制氢和微生物制氢。生物质气化制氢：将生物质原料如薪柴、锯末、麦秸、稻草等压制成型，在气化炉或裂解炉中进行气化或裂解反应可生成含有氢气的燃料气，再通过气体分离技术制得氢气。

低碳与新能源

微生物制氢

利用微生物在常温常压下进行酶催化反应可制得氢气。目前已有利用碳水化合物发酵制氢的专利,并利用所产生的氢气作为发电的能源。

> 氢的发热值是所有化石燃料、化工燃料和生物燃料中最高的,为142351千焦/千克,是汽油发热值的3倍。

各种化工过程副产氢气的回收

多种化工过程如电解食盐制碱工业,合成氨化肥工业,石油炼制工业等均有大量副产氢气,如能采取适当的措施进行氢气的分离回收,每年可得到数亿立方米的氢气。这是一项不容忽视的资源,应设法加以回收利用。

 广角镜——多样的制氢方法

美国宇航部门准备把一种光合细菌——红螺菌带到太空中去,用它放出的氢气作为能源供航天器使用。这种细菌的生长与繁殖很快,而且培养方法简单易行,既可在农副产品废水废渣中培养,也可以在乳制品加工厂的垃圾中培育。

对于制取氢气,有人提出了一个大胆的设想:将来建造

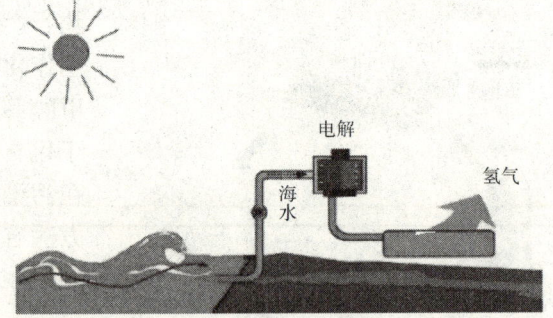

◆在海边制氢

一些为电解水制取氢气的专用核电站。譬如,建造一些人工海岛,把核电站建在这些海岛上,电解用水和冷却用水均取自海水。由于海岛远离居民区,所以既安全,又经济。制取的氢和氧,用铺设在水下的运气管道输入陆地,以便供人们随时使用。

E 梦想照耀现实——21 世纪新能源

氢能的广泛利用

氢能作为一种清洁、高效、安全、可持续的新能源，主要有以下三种利用方式：利用氢和氧化剂发生反应释放出热能，如在热力发动机中燃料产生机械功；利用氢和氧化剂在催化剂作用下获取电能，如通过燃料电池进行化学反应直接生产电能；利用氢的热核反应释放出核能，如氢弹就是利用了氢的热核反应释放出的核能，是氢能的一种特殊应用。

目前，氢能被视为 21 世纪最具发展潜力的清洁能源，是人类的战略能源发展方向。在军事、航空、交通工具及发电方面有广泛的应用前景。

燃料电池

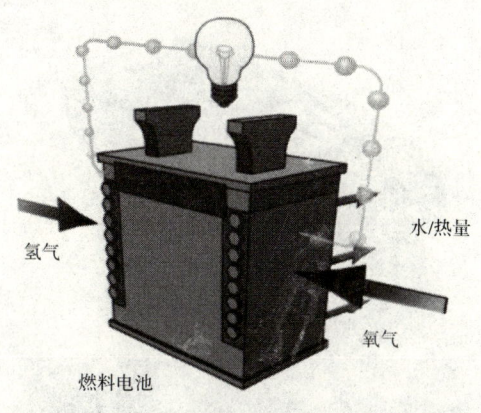

◆燃料电池工作原理图

氢能发电方式是氢燃料电池。这是利用氢和氧（或空气）直接经过电化学反应而产生电能的装置。换言之，也是水电解槽产生氢和氧的逆反应。20世纪 70 年代以来，日、美等国加紧研究各种燃料电池，现已进入商业性开发，日本已建立万千瓦级燃料电池发电站，美国有 30 多家厂商在开发燃料电池。德、英、法、荷、丹、意和奥地利等国也有 20 多家公司投入了燃料电池的研究，这种新型的发电方式已引起世界的关注。燃料电池的简单原理是将燃料的化学能直接转换为电能，不需要进行燃烧，能源转换效率可达 60%～80%，而且污染少，噪声小，装置可大可小，非常灵活。最早，这种发电装置很小，造价很高，主要用于宇航作电源。现在已大幅度降价，逐步转向地面应用。燃料电池理想的燃料是氢气，因为它是电解制氢的逆反应。燃料电池的主要用途除建立固定电站外，特别适合作移动电源和车船的动力，因此也是今后氢能利用的孪生兄弟。

低碳与新能源

氢能汽车

以氢气代替汽油作汽车发动机的燃料，已经过日本、美国、德国等许多汽车公司的试验，技术是可行的，目前主要是廉价氢的来源问题。氢是一种高效燃料，每千克氢燃烧所产生的能量为33.6千瓦小时，几乎等于汽油燃烧的2.8倍。氢气燃烧不仅热值高，而且火焰传播速度快，点火能量低（容易点着），所以氢能汽车比汽油汽车总的燃料利用效率可高20%。当然，氢的燃烧主要生成物是水，只有极少的氮氧化物，绝对没有汽油燃烧时产生的一氧化碳、二氧化碳和二氧化硫等污染环境的有害成分。氢能汽车是最清洁的理想交通工具。

◆氢能汽车有很大的优点

氢能汽车的供氢问题，目前将以金属氢化物为贮氢材料，释放氢气所需的热可由发动机冷却水和尾气余热提供。现在有两种氢能汽车，一种是全烧氢汽车，另一种为氢气与汽油混烧的掺氢

◆氢能汽车已经研制成功

汽车。掺氢汽车的发动机只要稍加改变或不改变，即可提高燃料利用率和减轻尾气污染。使用掺氢5%左右的汽车，平均热效率可提高15%，节约汽油30%左右。因此，近期多使用掺氢汽车，待氢气可以大量供应后，再推广全燃氢汽车。德国奔驰汽车公司已陆续推出各种燃氢汽车，其中有面包车、公共汽车、邮政车和小轿车。以燃氢面包车为例，使用200千克钛铁合金氢化物为燃料箱，代替65升汽油箱，可连续行车130多千米。德国

E 梦想照耀现实——21世纪新能源

奔驰公司制造的掺氢汽车，可在高速公路上行驶，车上使用的储氢箱也是钛铁合金氢化物。

原理介绍

掺氢汽车的特点

掺氢汽车的特点是汽油和氢气的混合燃料可以在稀薄的贫油区工作，能改善整个发动机的燃烧状况。在中国许多城市交通拥挤，汽车发动机多处于部分负荷下运行，采用掺氢汽车尤为有利。特别是有些工业余氢（如合成氨生产）未能回收利用，若作为掺氢燃料，其经济效益和环境效益都是可取的。

广角镜：新型材料储氢比固态氢更紧密

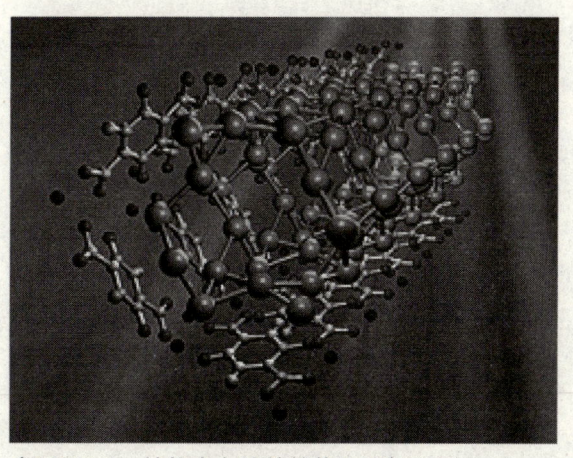

◆MOF－74 结构中存储着管状的重氢分子

将氢能利用在汽车上要解决的最关键问题就是设计燃料箱。解决这一问题主要有两种手段：高压存储气态氢或者低温存储液态氢。不过，这两种方法目前都不是十分理想。

美国国家标准化与技术研究所在 2008 年研究出了 MOF－74——由加州大学洛杉矶分校开发出的一种多孔晶体粉末。MOF－74 可以比迄今为止任何不加压结构材料吸附更多的氢（表面组装密度更大），而这些氢分子比冰冻成块的氢更加紧密。

尽管让 MOF－74 达到液氢温度也不容易，但这总比固氢温度的 4K（－269℃）以下要好实现得多。该材料将有助于科学家开发出新方法，以消除燃料经济中十分昂贵的制冷和隔绝处理。

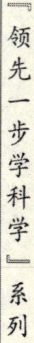

 低碳与新能源

 拓展思考

1. 氢能来源于哪里？有哪几种制氢的方法？
2. 你能说说氢能的特点是什么？
3. 氢能源的用途有哪些？试着举几个例子。
4. 如何存储氢气？

E 梦想照耀现实——21世纪新能源

月球上的宝藏——氦-3

◆月球上有丰富的氦-3

随着世界石油价格的持续飞涨，越来越多的国家和组织把目光转向了月球，因为在月球表面有大量的氦-3，而这种在地球上很难得到的物质是清洁、安全和高效的核聚变发电燃料，可提供便宜、无毒、无放射性的能源，被科学界称为"完美能源"。据俄新社最近透露，俄罗斯能源火箭公司正计划组织在月球大量开采氦-3。那么，真正把月球上的资源转化成人类可以使用的能源，还有多少路要走呢？

什么是氦-3？

氦是一种很常见的东西，比如做广告用的那个大气球和飞艇里面就是氦气，它比空气轻，但比氢气安全得多。地球大气之中氦气的含量很少，是百万分之5.2。看来广告气球里面的氦气不太可能直接从空气中提取，但总之氦气肯定很便宜。可惜地球上基本上没有天然氦-3。地球上大约每一

◆飞艇中用的就是氦气

221

低碳与新能源

百万个氦原子之中，只能找到一个氦－3原子。

氦－3是氦的同位素，含有两个质子和一个中子。它有着许多特殊的特性。当氦－3和氦－4以一定的比例相混合后，通过稀释制冷理论，温度可以降低到无限接近绝对零度。在温度达到2.18开以下的时候，液体状态的氦－3还出现"超流"现象，即没有黏滞性，它甚至可以从盛放的杯子中"爬"出去。

然而，当前氦－3被人重视的特性还是它作为能源的潜力。氦－3是理想的核聚变燃料，现在氘＋氚核聚变反应需要几千万以至上亿度的高温，任何容器都无法承受，只能在托卡马克装置中以磁力约束反应物质，而氘＋氦－3的核聚变反应所需的温度要低得多，并且反应释放中子极少，产生等离子体流容易控制，放射性污染很小，发电效率高。而且反应过程易于控制，既环保又安全。

但是地球上氦－3的储量总共不超过几百千克，难以满足人类的需要。科学家发现，虽然地球上氦－3的储量非常少，但是在月球上，它的储量却是非常可观的。

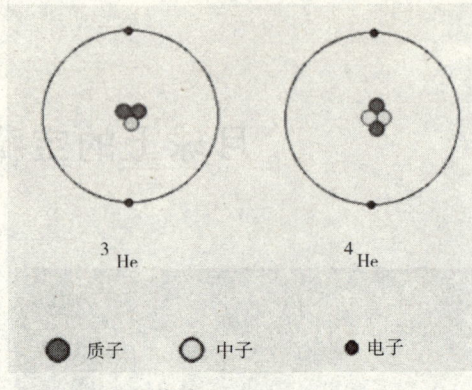

◆氦的两种同位素

> 具有相同质子数，不同中子数（或不同质量数）的同一元素的不同核素互为同位素。氕和氘就是氢的两种同位素。

 小资料：低温物理学界研究受威胁

以色列物理学家莫蒂·海布卢姆说，已经很难获得氦－3来达到研究需要的超低温；美国的安全项目占有了大约85％的氦－3供应。

以氦－3为制冷原料的"稀释制冷机"能将小型电子设备的温度冷却到绝对

E 梦想照耀现实——21世纪新能源

◆以色列物理学家——莫蒂·海布卢姆

零度的几千分之一,也就是1毫开氏度,氦—3对低温物理学有着重要意义;与此同时,氦—3还有极为重要的国防价值,以氦—3填充中子探测器被用于材料探测中。然而,《科学》杂志报道,目前氦—3的供应严重短缺,低温物理学界的研究受到威胁。从短期来看,氦—3的需求量可能会达到每年6.5万升,但年度供应量却徘徊在1万升到2万升之间。氦—3的缺乏威胁到几个研究领域,作为美国氦—3的主要供应者,DOE目前只为美国资助的研究人员提供这种气体。

为何地球上氦—3稀少?

氦—3相比于氦—4这么稀少的原因在于来源不同。地球上的氦—4主要来自于核裂变反应。氦—4原子核也叫阿尔法粒子,产生氦—4的裂变反应叫做阿尔法衰变。天然放射性物质的衰变就会产生氦—4。而宇宙中氦—3则主要来自于聚变。地球上显然没有天然聚变反应,不过也有一点氦—3。这些氦—3来自于氚的衰变。我们知道氚不稳定,自然界没有天然氚,但是制作核武器需要氚,比如说通过中子跟锂反应得到的氚是不稳定的,每隔12.3年就会有一半的氚衰变成氦—3和一个电子(应该还有一个电子中微子,根据轻子数守恒)。

$$Li_3^6 + n \longrightarrow He_2^4 + H_1^3$$

◆中子跟锂反应得到氚

所以目前地球人手里的氦—3主要都是维护核武器的副产品。美国的氦—3战略储备大约是29千克,另有187千克跟其他气体混合保存。

◆太阳风将氦—3刮到了月球上

低碳与新能源

不过从这个数据难道不可以推算美国一共有多少氢弹么?可见如果谁想拿氦-3做个聚变试验,原材料是比较珍贵的。

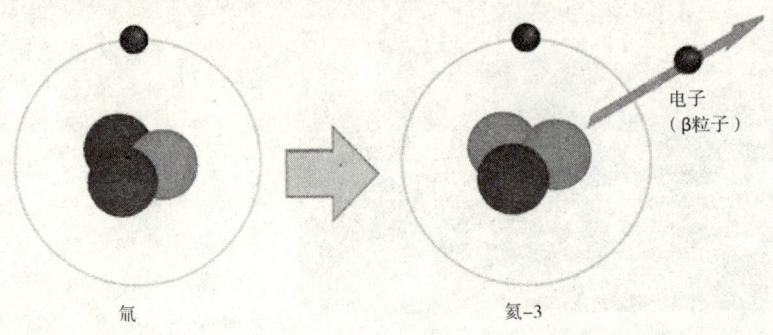

◆氚衰变成氦-3

根据科学统计表明,10吨氦-3就能满足我国全国一年所有的能源需求,100吨氦-3便能提供全世界使用一年的能源总量。但氦-3在地球上的蕴藏量很少,目前人类已知的容易取用的氦-3全球仅有500千克左右。而根据人类已得出的初步探测结果表明,月球地壳的浅层内竟含有上百万吨氦-3。

为什么会这样呢?原来太阳在内部核聚变过程中,产生大量的氦-3,而这些氦-3经过太阳风的吹拂,落到周围的行星中,成为太阳系行星氦-3的主要来源。地球表面由于覆盖着厚厚的

◆月球资源开采想象图

大气层,太阳风不能直接抵达地表,所以,地球上氦-3的天然储量非常低。据估算,在地球上,天然气矿床中已知的氦-3资源只能维持一个500兆瓦规模发电厂数月的用量,而地球大气中理论上的氦-3总量仅有10~15吨。

E 梦想照耀现实——21世纪新能源

万花筒

氦—3 飞向月球

月球几乎没有大气,太阳风可直接抵达月球表面,它里面的氦—3 也就大量地"沉积"在月球表面。科学家通过分析从月球上带回来的月壤样品估算,在上亿年的时间里,太阳风为月球带去大约 5 亿吨氦—3,如果供人类作为替代能源使用,足以使用上千年。

氦—3 的巨大应用前景

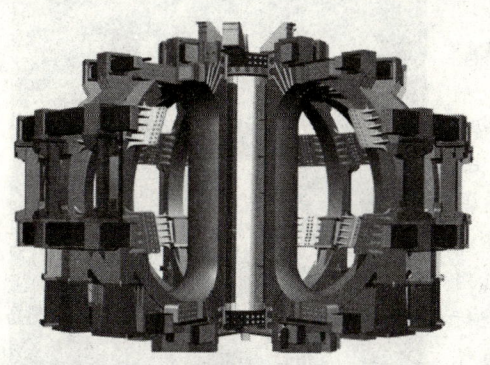
◆国际热核聚变实验堆

氦—3 是一种清洁、安全和高效率的核聚变发电燃料。开发利用月球土壤中的氦—3 将是解决人类能源危机的极具潜力的途径之一。1 千克氦—3 便可产生 19 兆瓦的能量,足够莫斯科市照明用 6 年多。美国航天专家指出,用航天飞机往返运输,一次可运回 20 吨液化氦—3,可供美国一年的电力。

氦大部分集中在颗粒小于 50 微米的富含钛铁矿的月壤中。估计整个月球可提供 71.5 万吨氦—3。这些氦—3 所能产生的电能,相当于 1985 年美国发电量的 4 万倍。考虑到月壤的开采、排气、同位素分离和运回地球的成本,氦—3 的能源偿还比估计可达 250。这个偿还比与铀—235 生产核燃料(偿还比约 20)及地球上煤矿开采(偿还比约 16)相比,是相当有利的。此外,从月壤中提取 1 吨氦—3,还可以得到约

从现在着手实施开采氦-3 的计划,大约 30 年到 40 年后,人类将实现月球氦-3 的实地开采并将其运回地面。

低碳与新能源

6300吨的氢、70吨的氮和1600吨碳。这些副产品对维持月球永久基地来说，也是必要的。俄罗斯科学家加利莫夫认为，每年人类只需发射2到3艘载重100吨的宇宙飞船，从月球上运回的氦—3即可供全人类作为替代能源使用1年，而它的运输费用只相当于目前核能发电的几十分之一。

  广角镜：俄30年后到月球采集氦—3

俄罗斯科学院韦尔纳茨基地球化学和分析化学研究所所长埃里克·加利莫夫院士认为，大约100年以后地球上的燃料资源即将枯竭。这些年来，世界上不少物理学家、化学家和能源学家已在考虑用氦的同位素氦—3来代替以上这些燃料。

至于如何去把月球上的氦—3弄到地球上来，加利莫夫也提出了自己的看法。他认为，第一步是要开展勘查工作，看月球表面什么地方氦—3最集中。只有在此之后才能进行试验性的开采。一定得选用最佳技术，弄清最好在多高的温度下进行提取（指从月面浮土分离出氦—3的气体）。要开采氦—3，就得需要专门的掘土机或康拜因去收集月球表面上的土。在将这些土加热至比如说600℃之后，就会分离出气体氦，然后从氦分离出它的同位素——氦—3。下一步就得将气体液化，以便于运输。最后一步是将液化的氦用航天飞机运回地球。他还认为，俄罗斯的航天飞机一昼夜便能一次性将20吨氦—3运回地球。他相信，从月球上往地球上运氦—3虽然从技术上不成问题，但仍是任重而道远，需要联合世界上的最好科研力量，当然也还需要足够的资金。

◆俄罗斯科学院院士加利莫夫坚信：月球表面丰富的氦—3蕴藏量足可以满足地球的能源需求

E 梦想照耀现实——21世纪新能源

拓展思考

1. 什么是氦—3?
2. 为何地球上氦—3稀少?
3. 氦—3有什么用途?它有什么特点?
4. 为什么要到月球采集氦—3?

 低碳与新能源

通古斯大爆炸——反物质能源

对反物质研究倾注了很大的兴趣，一个很重要的原因，就是希望有朝一日能够利用正反物质湮灭所释放的巨大能量。这种能量如果可以大规模地利用，它的威力是无与伦比的。计算表明，只要一克反物质与相应的物质相互湮灭，其产生的能量就足以超过广岛和长崎原子弹所释放的能量总和。

◆原子弹

这样巨大的能量不仅可以作为能源，更是一种令人望而生畏的武器。

第四代武器——反物质武器

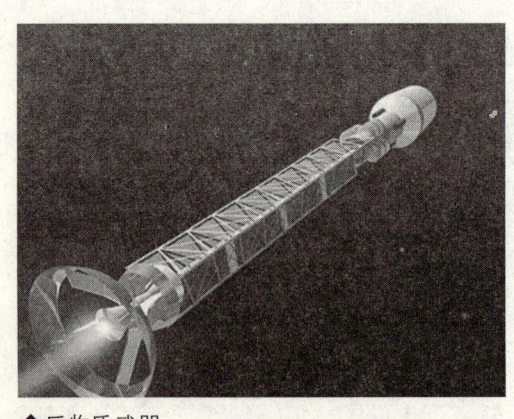
◆反物质武器

反物质是物质的镜像，极少量的物质同它的反物质相互作用，能够释放出极大的能量，因此可用作热核爆炸的扳机，或者激励出极强的X射线或γ射线激光，反物质研究成为目前各国研究的重点。它是目前核武器中最强、最重要的一种。美国费米国立加速器研究所、法国和瑞士合建的欧洲研究中心、俄罗斯高

E 梦想照耀现实——21世纪新能源

能物理研究所都在做此研究。中国的反物质研究所建于20世纪80年代初，由世界著名的核物理学家、反物质发现者赵中尧担任技术顾问，因此西方称他为"中国反物质武器之父"。

> 研制反物质武器是任重而道远的。要想把反物质武器从设想变为现实，还需要科学家们的不懈努力。

关于这方面的公开资料几近于无，其高度保密性正反映了其极端重要性，只能通过正负电子对撞机的零碎进展作为这种武器进展的参考。

反物质武器具有如下的第四代核武器所共有的特点：

虽然威力巨大，但是其附带杀伤效应较小。新一代核武器强化了核反应中的部分杀伤效应，同时抑制了其他杀伤破坏因素的产生。

杀伤手段和杀伤破坏目标更为单一。新型核武器可以只利用爆炸产生的冲击波或者电磁脉冲或者其他的杀伤破坏因素，来攻击特定的目标或设备，令使用者在使用核武器攻击时有更大的选择余地，也更加灵活。

 广角镜：诊病治病能手——反物质发电站

反物质又是诊病治病的能手。在医疗成像技术中，有一种类似CT的扫描，

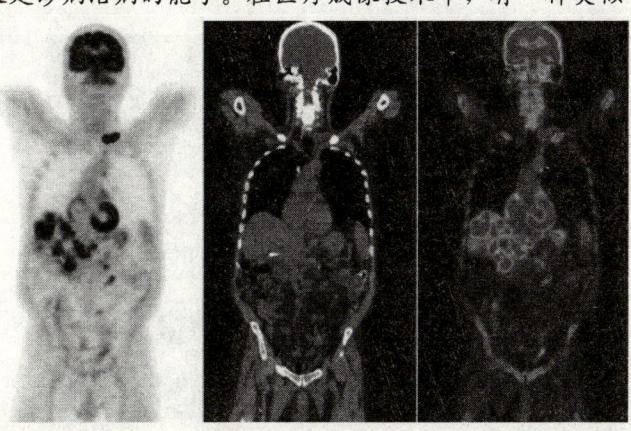

◆正电子放射层扫描术

低碳与新能源

叫正电子辐射断层照相术,它的射线源就在体内,这种利用反物质的发射式照相,能提供人体生理及化学的真实信息,准确地诊断病情。由于反质子能量释放的速度和从体内逸出的速度可以人为控制,在此,用反质子产生的光束可代替X射线治疗癌症,能不偏不倚地击中癌瘤,大大减轻周围组织的损害程度,有效地治癌。

科学家还研究用反质子给工业材料诊治"病症",叫无损探测。它利用反物质与物质碰撞会产生热量、使材料温度升高的特性,起到消除材料缺陷的奇异功效。

离开太阳系飞船动力——反物质能源

反物质是最理想的恒星际宇宙飞船的能源。据科学家计算,只需一粒盐大小的10毫克反质子,就能产生相当于200吨化学液体燃料推进剂的能量,可轻而易举地将巨型航天器送上太空。科学家设想造一艘光子飞船,头部装一面巨大的凹面反射镜,飞船开动时,燃料库中的正物质和反物质分别被输送到凹面镜前面,在那里接触,转化为强烈无比的光,反射出去,就像气体从火箭喷口喷出一样,产生强大的推力,推动飞船前进,到恒星际的宇宙中去漫游。

英国著名物理学家施蒂芬·威廉·霍金表示,人类必将离开太阳系寻找别的可生存行星,反物质能源将是星际旅行中飞船的主要动力。

◆英国著名物理学家施蒂芬·威廉·霍金

E 梦想照耀现实——21世纪新能源

微弱的能量

依靠人工制备的反物质作为能源和武器,欧洲核子中心为实验物理学家们提供了超过一百万个反质子。这看起来是个不小的数字,可事实上,即便我们把所有这些反质子全都当成反物质燃料,它们与质子湮灭所产生的能量也只能让实验室里一盏普通的电灯点亮几分钟。将这点微不足道的能量与十四年间为维持这个低能反质子环而消耗的巨大能源相比,我们可以清楚地看到制备反物质在能源的投入和产出上是何等的得不偿失。

霍金相信这些自然法则将会在20年内被发现,因为欧洲原子能研究中心的核物理实验室在日内瓦启动大型强子对撞机(LHC),这一项目能够提供前所未有的核物理信息,并在一定条件下创造出反物质。霍金表示,这些技术对于人类未来的生存是至关重要的。

霍金说:"如果被限制在单一星球上,人类的长期生存将受到严重威胁。在未来的某个时间,地球或许会受到小行星撞击,地球上也可能爆发核战,这些事件将让人类灭绝。但是如果我们深入宇宙空间,并开拓多个独立的星际殖民地,我们未来的安全就能够得到保证。"

不过,霍金认为,"在太阳系中,已经没有类似地球一样的行星可供人类生存,所以我们必须寻找别的恒星——行星系统"。

对于未来星际旅行的能源问题,霍金说:"如果我们使用阿波罗任务中的化学燃料,飞抵最近的恒星需要5万年。这一时间太长了,因此科幻小说中常常有时空穿越的描述。不过,这一想法违背科学定律,因为不可能有物体的运动速度超过光速。""不过,我们仍可以在科学定律的限制下找到办法,即利用物质/反物质对冲产生的能量,使飞船达到亚光速。这样我们仅需六年就能够飞抵最近的恒星,这一时间对于星际旅行者来说还可以接受。"

低碳与新能源

  原理介绍

反物质太空船的优势

核反应堆相当复杂,在火星之旅中很多潜在的问题可能会导致核反应堆发生故障。而正电子反应堆能像核反应堆一样为太空船提供充足动力,并且其结构相当简单。

采用核燃料作为动力的太空船在其核燃料用完之后所产生的核废料仍具有放射性。如果使用正电子反应堆,在其燃料耗尽之后则不会产生残留物,因此即使残留正电子反应堆偶然进入地球大气层也不会引发安全方面的担忧。

 不解之谜的"罪魁祸首"

最著名的被称为"世纪巨谜"的是通古斯大爆炸。1908年6月30日凌晨,俄国西伯利亚通古斯地区的泰加森林里,突然发生了一场剧烈的大爆炸。随着一道白光闪过和一声天崩地裂般的巨响,一片沉睡的原始森林顷刻化为灰烬。大火吞没了数百千米之内的城镇和生命,融化了冰层和冻土,引起山洪暴发、江河泛滥,仿佛"世界末日"到了。据估计,这次爆炸的威力相当于上百颗氢弹一齐爆炸!

通古斯大爆炸震惊了全世界,"通古斯"也一夜之间名扬全球。由于西伯利亚的严寒和交通不便,直到1921年才由前苏联的一个研究小组第一次前去考察。以后世界上其他国家相继

◆通古斯事件之谜

派团考察,但至今通古斯大爆炸之谜依然众说纷纭,莫衷一是。其中一种说法便认为是反物质引起的"湮灭"现象。因为这种能级的爆炸除非是流星或陨石坠落,否则无法解释,而那里却没有任何陨石碎块。

反物质飞船6年飞抵最近恒星

◆球状星团半人马座（Omega Centauri）

美国加利福尼亚大学的科学家称，在距离地球4.37光年外的"半人马座"，很可能存在着一颗适宜生命的类地行星。由于人类的寿命有限，如果他们想要前往这颗行星上生活，那么他们通过什么方式才能够顺利抵达这颗类地行星呢？科幻小说作家、美国宇航局物理学家杰弗里·兰迪斯称，这颗新发现的类地行星距离地球约4.37光年，这一距离是地球到太阳距离的27.6万倍，因此这一星际航行将异常艰难，依靠传统火箭是绝对不行的。

或许反物质发动机可以被用来提供动力，其动力来自于反物质与物质相互湮灭时释放出的巨大能量。然而，这种反物质发动机的问题在于如何在航行中产生足够多的反物质并将其储存下来。目前，所有制

◆美国研究反物质太空船，以正电子为燃料

造反物质的方法都需要大型粒子加速器，并且产生的反物质还为数不多。此外，如果要储存一克反物质的话，则需要一吨磁铁。储存大量反物质的想法听上去非常轻松，但是实施起来却不那么轻松了。这个设想目前还未被推翻，一点反物质就可以帮我们一个大忙。

 低碳与新能源

 拓展思考

1. 什么是反物质能源?
2. 反物质武器有什么特点?
3. 如何利用反物质来诊断疾病?
4. 为什么反物质是最理想的恒星际宇宙飞船的能源?